艺考强化训练丛书

数字媒体艺术
应试技巧

◎ 赵贵胜　编著

U0229970

SMPH　SLAV

上海音乐出版社　上海文艺音像电子出版社

WWW.SMPH.CN　WWW.SLAV.CN

编者的话

随着时代的发展,中国高校的专业设置也在不断更新,一些复合型专业应运而生。动画、数字媒体、游戏便是横跨艺术和科学两个领域的新兴专业。这些专业顺应社会的需求,涉及的内容又符合现代青少年的心理需要,迅速得到了广大青少年的青睐。但如何敲开开设这些专业的高校大门却并不为怀揣梦想的考生所知。笔者本着为莘莘学子解开这个困惑的目的,编写了此书。此书适合准备艺考的高中生学习,也可供准备研究生考试的大学生参考。

此书只是一盏指引大家走近象牙塔的明灯,笔者只能告诉有关考试的一些基本规律,想要打开那扇通往梦想的大门走进象牙塔,还需要大家为之付出艰辛的努力,反复实践,从源头上掌握艺术的基本规律。从艺术创作本身来讲,书中所说的技巧也不是千古定律,希望你能从"有法"到"无法",既有扎实的功底又有本真的天赋,因为这样,才能在专业的道路上越走越宽。真诚的希望此书能帮助各位考生顺利圆梦!

由于篇幅原因,许多问题无法深入阐述,希望大家能借助配套视频和所列参考书单来完善自己的学习。由于水平所限,书中错误在所难免,欢迎各位指正。

扫码看视频　　编者的话

目录

第一章　专业介绍及专业招生情况

第一节　数字媒体艺术专业简介

数字媒体艺术专业是随着我国网络信息技术和数字技术的快速发展,计算机多媒体与虚拟现实技术普及的背景下应运而生的一门新兴专业。该专业集数字技术应用与艺术创作为一体,旨在培养具有良好的科学素养以及美术修养,既懂技术又懂艺术,能利用计算机新的媒体设计工具进行艺术作品设计和创作的复合型应用设计人才。使学生能较好地掌握各种数字技术在影视艺术领域、网络多媒体艺术领域中的应用原理、基本知识和技能,并熟练利用先进的数字媒体技术手段进行数字影视节目制作、CG 创作、网络多媒体艺术设计(图 1-1)。21 世纪初,该专业因为极大的实用性被各大艺术院校和计算机相关院系竞相开设。

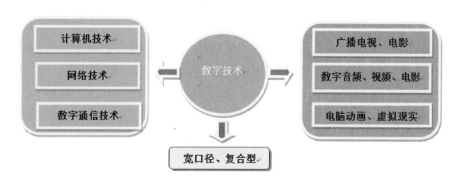

图 1-1

数字媒体艺术专业主要方向有:数字影视制作和网络多媒体。

数字影视制作方向主要为电视台、数字电影制作公司、手机电视公司、移动多媒体公司、互动娱乐公司、广告公司、电视频道及栏目包装部门、电视剧制作部门、动画公司及其他各影视制作机构等单位培养具有较高影视制作理论水平和数字艺术素养,能够驾驭先进数字影视技术,熟悉数字影视制作的生产流程,在 CG 技术与艺术领域具有较高造诣,能进行数字影视节目策划与创作、数字影视特效与合成、电视片头设计与制作、电视栏目及频道整体包装工作的科学和艺术相结合的复合型高级人才。

网络多媒体方向是培养具有较高理论水平和综合艺术素养,掌握必备网络多媒体技术和编程技术,能进行网站整体形象策划与包装、网络动画、网络广告、多媒体交互艺术、移动多媒体应用、手机电视、动态影像与宽带流媒体应用等网络多媒体艺术创作的具有现代意识的复合型高级人才。

第二节　数字媒体艺术专业前景

相比国际水平,我国数字媒体艺术仍处于起步和发展阶段,但不能否认的是数字媒体已渗透到我们生活的方方面面,娱乐、信息传播、科学研究都离不开数字媒体。在越来越多的行业中,如电影、电视、展览展示、广告、包装等,数字媒体艺术扮演着越来越重要的角色。在这样的时代背景下,横跨科学与艺术领域的两栖性人才逐渐受到行业和社会的重视。

数字化电影技术的发展催生了很多新兴职业,如数字电影软件设计师、电脑美术设计师、视觉效果设计师等,极大地拓宽了艺术家的创作天地,给具有新思维的艺术创作人员提供了巨大的舞台,他们迅速成为现代电影创作的中坚力量。影片《阿凡达》《少年派的奇幻漂流》的成功离不开数字特效构建的虚拟世界(图1-2、1-3)。

因特网已经成为人们生活不可缺少的一部分,以网络为载体的媒体传播,包括新闻发布、信息交流、电子商务、企业平台、网上学堂、网络娱乐、影视播放、博客论坛以及难以计算的各行各业的专门网站等,已经渗透到人们生活的各个方面。数字媒体专业培养的具备深厚艺术功底,具有熟练计算机图形处理技术的高素质人才,将科学与艺术结合,以满足 IT 技术新应用的需求,为高品质的生活,现代化的生产消费、娱乐、通讯和教育提供技术支持。

数字媒体艺术专业学生毕业后可在国内外电视台、互联网公司、影视制作机构、数字出版机构、通讯社、移动媒体、广告公司以及高校、科研院所、政府等企事

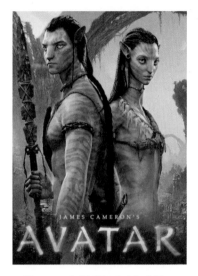

图 1-2　电影《阿凡达》海报　　　　图 1-3　电影《少年派的奇幻漂流》海报

业单位的相关新媒体部门从事数字影视内容(如传统影视节目、微电影、网络剧、网络广告、交互电影、移动互联网视频内容、数据可视化设计等)的策划、创作与制作,并可从事相关创作管理类工作,具有广阔的职业发展前景。

第三节　各校数字媒体艺术专业招生及录取方式

一、中国传媒大学

1. 学校概况

中国传媒大学是教育部直属的国家"211 工程"重点建设大学,已正式进入国家 985 "优势学科创新平台"项目重点建设高校行列,前身是创建于 1954 年的中央广播事业局技术人员训练班。1959 年 4 月,经国务院批准,学校升格为北京广播学院。2004 年 8 月,北京广播学院更名为中国传媒大学。

中国传媒大学致力于高层次、复合型创新人才培养,被誉为"中国广播电视及传媒人才摇篮""信息传播领域知名学府"。中国传媒大学坚持"结构合理、层次分明,重点突出、特色鲜明,优势互补、相互支撑"的学科建设思路,充分发挥传媒领域学科特色和综合优势,形成了以新闻传播学、艺术学、信息与通信工程为龙头,文学、工学、艺术学、管理学、经济学、法学、理学等多学科协调发展,相互交叉渗透的学科体系。

学校建有校园多媒体网络、数字有线综合业务网、图书文献信息资源网、现代远程教育网,公共服务体系日趋完善;建有2个国家级实验教学示范中心——广播电视与新媒体实验教学中心、动画与数字媒体实验教学中心,6个北京市实验教学示范中心——广告实践教学中心、动画实验教学中心、影视艺术实验教学中心、传媒技术实验教学中心、电视节目制作实验教学中心等;多媒体教室、演播馆、实验室等装备精良,功能完善;图书馆形成了信息传播学科内容丰富,纸质、电子、网络形式多样的馆藏体系。

中国传媒大学动画与数字艺术学院(原动画学院),成立于2001年,是我国最早从事动画教学、创作、科研的院校之一,也是国内数字媒体艺术专业(包括新媒体艺术与影视特效)、数字游戏设计专业的始创院校。依托中国传媒大学"大传播"和"小综合"的学科特色,坚持国际化、开放式办学方向,建立起了动画与数字媒体艺术专业完整的本、硕、博人才培养体系,形成了跨学科、跨媒体,科学、艺术与人文相融合的办学特色与优势,成为国内领先的动画与新媒体专业院校之一。

人才培养理念:传统与现代融合、中西文化融合、多学科交叉融合。

人才培养目标:培育优秀的复合型动漫及数字媒体人才。

人才培养方式:与国际对接、与业界对接、与中学对接。

人才培养平台:与美国南加州大学、美国高科思科技大学、加拿大谢里丹学院、加拿大国家数字媒体中心、德国波兹坦影视学院、法国高布兰学院、英国伯恩茅斯大学、韩国国立艺术大学、新加坡南洋理工学院、香港城市大学等50多所知名大学建立了长期的项目式教育合作关系;与美国梦工厂动画公司、美国尼克儿童频道、法国育碧游戏公司、德国皮克斯蒙多电影特效公司、微软、惠普等国际顶级企业建立了教学实践与人才输出的伙伴关系。

人才培养环境:拥有各类专业实验室和创作室4千余平米,软硬件资金投入超过数千万元,其中包括动画制作实验室、互动艺术实验室和CG实验室3个211重点实验室;拥有先进的媒资管理系统、数字影视特效创作室、网络多媒体创作室、游戏设计创作室、虚拟演播室、数字合成机房、数字录音棚、惠普教育卓越中心实验室、苹果联合实验室、上海美术电影制片厂定格动画联合实验室、移动多媒体与NGN实验室、三维互联网与流媒体应用实验室、移动内容开发与创作实验室、无纸动画实验室、数字动画创作室、手绘动画创作室、动画声音创作室、动画表演创作室、数字高清实验室、动画生产车间、动画渲染农场和运动捕捉系统等教学、创作设施。

人才培养特色：学院已建设成国家动画教学研究基地、动画特色专业建设单位、教育部文化部动漫类教材建设专家委员会所在地、中国动画学会教育委员会所在地。聘请国内外兼职教授、专家百余人，开设国内首创的"夏季国际学院"、"国际大师课堂"；鼓励跨专业联合创作和大学生创新实践，初步形成了与国际、业界相互交融的办学特色。发起和创办的"中国（北京）国际大学生动画节"，已经成为国内最重要的动漫和数字媒体盛事之一，每年吸引几十个国家上百所高校的近千名动漫与数字媒体专业学生参与，提供与世界一流大师直接交流的机会，拓展视野和学习、创作空间。

人才培养成果：创作了大量动漫、数字影视、网络多媒体、数字游戏等各种类型的作品，其中二百余部短片获得国内外大奖，奖项包括美国 Siggraph 动画节、法国昂西动画节、日本东京国际动漫节、德国斯图加特国际动画节、oneshow 金铅笔奖、D&AD 全球创意设计奖、美国 NextFrame 国际大学生巡回电影节、中国国际动漫节原创动漫大赛、韩国富川国际学生动画节、欧洲国际大学生电影节、金犊奖以及中国动画成就奖等诸多节展奖项。成功孵化了"兔斯基""三国杀""功夫兔"等商业作品。

专业优势：国际交流非常频繁，师生视野开阔。学院实行开放式办学，广泛吸纳国内外动画教育资源，2000 年以来已与德国波兹坦影视学院、加拿大魁北克大学、香港理工大学、韩国国立艺术综合大学、韩国中央大学、英国赫特福德大学及加拿大谢丽丹学院等知名大学建立了长期的教育合作项目，为构建国际合作网络奠定了基础。

学院与世界动画协会、国际影视高校联合会等国际组织建立了良好的合作关系，曾举办了多场影响深远的国际学术交流活动。一年一度的"中国（北京）国际大学生动画节"因其高质量的参赛作品、残酷的竞赛比拼、强大的评委阵容、高含金量的大师讲座已经成为全校师生和国际动画爱好者的狂欢节。

小学期创作实践活动是学院另一大特色。每年夏季学院组织二年级和三年级本科学生和国外学生一起开展小学期创作实践活动。集中时间、集中力量，以团队合作的形式创作完整的动画和数字媒体艺术作品，这些作品将成为盛大的国际大学生动画节宣传片。这种形式的学术交流和实践教学活动在国内属首创,在国际上也不多见。

2. 专业简介

学制:四年制本科

数字媒体艺术专业依托于动画与数字艺术学院全国领先的数字媒体艺术学科平台,秉承"艺术、人文与科学"相融合的人才培养理念,通过系统专业理论学习和大量专业实践,培养了解国内外网络产品和视频内容创制及运营规律,掌握前沿媒体技术的高层次、复合型创新领军人才,具有较强的就业竞争力和未来发展空间。

数字媒体艺术专业下设"数字影视与网络视频制作""网络媒体设计"两个方向。入学后根据学生意愿及考试情况分专业方向培养。

(1)数字影视与网络视频制作方向

在平台式的理论教学基础上形成微视频创作和高端影视制作两个课程系列,与业内外知名企业和院校开展夏季学期、项目式教学及创作合作。

主干课程:视听语言、构成设计、数字影视剪辑艺术与实践、导演基础、数字合成技术、数字短片创作、数字影视包装等。

(2)网络媒体设计方向

设立"互动设计、交互技术、新媒体产品"三大模块课程,学生可根据自身兴趣与特长自主选择。

主干课程:互动艺术创新思维、设计基础、人机交互界面设计、用户体验分析及互动设计、人机交互技术、网页设计与网页脚本程序、多媒体交互技术(HTML5)、移动互联网应用、iPhone程序设计、数字阅读产品设计、大数据应用等。

3. 招生及录取

(1)凡参加该校艺术类专业考试的考生,生源所在地省级统考有要求且涉及的专业,考生须参加省级统考合格,同时获得校考相应专业合格证书;省级统考不合格的考生,省(自治区、直辖市)招生办在录取时不予投档。省级统考不要求或未涉及的专业,考生须参加校考并获得相应专业合格证书,同时按照省(自治区、直辖市)招生办的要求参加考生所在省(自治区、直辖市)艺术类高考。

(2)华侨及香港、澳门、台湾地区的考生,按规定到普通高等学校联合招生办公室、北京市高招办、厦门市高招办、香港考试局、澳门中国旅行社等地报名,参加统一文化考试。

（3）录取时,各专业志愿之间无分数级差,同等条件下优先考虑第一志愿。

（4）录取时,学校使用的文化考试成绩为考生实际高考成绩,不含任何加分。考生文化考试成绩需达到生源省份艺术类本科专业录取控制分数线。

（5）学校以文化折算比值和专业折算比值为依据进行录取。其中,文化折算比值=考生文化考试成绩÷生源省份本科第一批次录取控制分数线(以下简称一本线);专业折算比值=考生参加学校组织的专业考试总分÷该专业合格分数线。对于合并本科批次的省份,一本线以各省相关规定为准。对于艺术类考生文化考试总分与普通类考生文化考试总分不一致的省份,一本线以该省给定的参考分数线为准,未给定参考分数线的省份,参考分数线=(一本线÷普通类考生文化考试总分)×艺术类考生文化考试总分。

（6）数字媒体艺术专业,在考生文化折算比值达到学校确定的本专业最低折算比值情况下,按照文化折算比值从高到低择优录取。各省(自治区、直辖市)录取人数不超过本专业计划总数的20%。数字媒体艺术专业按文科和理科分别排队录取,对于艺术类专业不分文理的省份,按理科进行排队。其中文科或文科综合类考生的录取人数不超过本专业计划总数的1/2。

专业	最低文化折算比值
数字媒体艺术	1

二、北京师范大学

1. 学校概况

北京师范大学是一所以教师教育、教育科学和文理基础学科为主要特色的百年著名学府,国家重点建设的综合性、有特色、研究型世界知名高水平大学。办学性质为公办,全日制重点大学、"985工程""211工程"学校。其艺术学科积累近百年历史,地位独具、历史悠久、学术之风优长,一批享有盛誉的艺术家如萧友梅、李抱尘、贺绿汀、洪深、老志诚、焦菊隐、卫天霖、吴冠中、张肖虎、蒋风之、启功等曾在此任教或学习。创建于1915年的手工图画科与音乐教习班乃中国高校艺术原初创建学科之一;复建于1980年的艺术教育系为中国重点高校艺术教育兼公共艺术最早建制;1992年改建之艺术系,是中国重点高校复合型艺术创建性学科之始;2002年成立艺术与传媒学院,是中国高校第一个全学科艺术学科汇聚、艺术与传媒结合的新兴学院,成为包容艺术学理论、音乐学、舞蹈学、电影学、美术学、书法学、设计学、数字媒体艺术等多门类的综合艺术学科群。

学院坚持"志于道,据于德,依于仁,游于艺"的院训,在多年的教学实践中构建了个性化和体验性教学环境。学生充分享受国内最全艺术学科影音舞诗书画相互交融的艺术氛围。学院倡导人文关怀,鼓励艺术个性,其优良学风和深厚传统吸引着世界各地的优秀学子来此深造。

学院致力于培养艺术创作与研究能力并重、人文与艺术素养深厚、具有国情意识和国际视野的艺术创作与艺术教育高级专门人才。理论与实践相结合的综合性、高素质人才培养体系保障了学生良好的职业发展前景和竞争优势。毕业学生职业分布广泛,遍及文化、艺术、传媒、创意、教育等相关领域,受到用人单位欢迎。学院重视拓展学生的国际化视野,与美国、日本、加拿大、德国、英国、澳大利亚等国及香港、台湾等地区著名大学和研究机构建立了广泛的交流合作关系,以及本科生和研究生交换培养机制。每年均有来自世界各地的留学生攻读艺术类专业学位。学院多年来得到社会有识之士捐资助教支持,香港爱国人士田家炳先生捐资修建艺术大楼,为艺术教育人才培养和长远发展提供了良好条件。

学院承担由教育部、文化部指导,北京师范大学、中国传媒大学、北京电影学院两部三校联合实施的"动漫高端人才联合培养实验班计划",每届从三校共选拔21名新生组班。实验班采用名师指导、小班教学、工作室制、跨校选课、学分互认等方式开展教学活动。通过第一学年教学在北京师范大学进行、第二学年教学在北京电影学院进行、第三学年教学在中国传媒大学进行、第四学年学生回到本校完成毕业实习和毕业创作(设计)的联合培养方式,实现三校优质教学资源的互补与共享。"动漫实验班"是导师指导下的开放式"宽口径、厚基础、重创意、强实践、宽视野、个性化"人才培养模式,与"三校一体、四年一贯、校企合作、协同育人"的培养机制。

2. 专业简介

学制:四年制本科

北京师范大学艺术与传媒学院下的数字媒体艺术专业含数字媒体艺术、动漫方向,是国内最早的数字媒体艺术学科之一,并始终走在数字媒体教育的前沿。注重培养学生深厚的文化底蕴、开阔的国际视野、活跃的创意思维、娴熟的数媒技能、敏锐的产业意识。多年以来,大量优秀人才从这里走向动漫、游戏、网络、影视、广告、出版等文化创意行业,许多进入国内外知名高校继续深造,展现出良好的专业素养和成长潜力。

3. 招生及录取

（1）考生均须参加所在省组织的普通高校招生全国统一考试（以下简称文化课考试）。

（2）所报考专业有艺术类省级统考的,考生须参加所在省份的艺术类专业统考并合格。

（3）各专业（含招考方向）依据考试合格考生的专业校考成绩（满分750分）,由高到低分专业（含招考方向）招生计划数4倍的比例发放合格资格。考生须通过北京师范大学本科招生网"网上报名系统（http://admission.bnu.edu.cn/admission）查询校考结果,学校不再以其他方式通知考生。

（4）数字媒体艺术专业加设文化课单科（按满分150分计）和文化课成绩总分（不含政策性加分）录取控制分数线,具体要求如下:

专 业	文化课总分要求	单科要求	
		语文	外语
数字媒体艺术	达到考生所在省份同科类（文／理科）一批本科控制线的90%	90	90

说明：对于合并本科批次的省份,一批本科控制线参照省级招生考试机构划定的高校艺术团参考录取控制分数线。

（5）在文化课考试和专业考试成绩合格的基础上,按考生文化课成绩（不分文理科,满分750分）和专业考试成绩之和形成的综合成绩,分专业（含招考方向）由高到低排队,择优录取。对于综合成绩相同的考生,按照专业成绩由高到低排队,择优录取。

三、中央美术学院

1. 学校概况

中央美术学院是唯一一所教育部直属的高等美术院校。现设有中国画、绘画、书法学、雕塑、美术学、艺术学理论、设计学、建筑学、摄影、动画、实验艺术、艺术管理学等三十多个专业方向。学校有着浓厚的艺术积淀,浓郁的艺术氛围,有助于学生开启创造力,释放和发展想象力。学校的办学宗旨是培养品学兼优,德、智、体全面发展的美术创作、设计和理论研究人才。学校办学历史悠久,师资力量雄厚,教学质量优异,具有良好的教学设施和校园环境。学校现设有造型学院、中国画学院、设计学院、建筑学院、人文学院、城市设计学院、实验艺术学院、艺术管理与教育学院八个专业学院和继续教育学院。

中央美术学院设计学院目前有八个专业:视觉传达设计、工业设计、交通工具、产品设计、服装设计、首饰设计、数字媒体艺术、摄影。培养吸纳了国内外大师的优秀价值规律,建立了与国际一流设计学院同步的教学大纲与课程,吸引了中国最好的设计学生。"设计为人民服务""设计为国家服务",中央美术学院历来有为国家、社会、人民提供创意服务的传统。在教学育人的同时,设计学院承担了大量国家与北京市的设计项目,包括北京奥运会的形象与景观、地铁站、世博会中国馆设计等。设计学院也承担履行着在中国进行设计推广的角色和使命。2009年中央美术学院与北京工业促进中心、北京歌华集团、国家大剧院一起举办了世界设计大会,全球设计师聚集北京,24场设计大展与一系列大型设计论坛,设计专业工作者、学生和北京市民的广泛参与,成为中国最具影响力的设计事件和传播推广设计的平台。同年被美国商业周刊评为全球全佳三十所设计学院之一。

中央美术学院2013年获批数字媒体艺术专业。其实早在2001年其设计学院就领先于全国开设了数码媒体专业方向,无论是课程体系、教学经验及设备条件方面,都成为中国艺术院校数码媒体艺术教育的先行者和重要的研究基地。20世纪后半叶以来随着数字技术、信息技术和网络技术的高速发展,全新的数码艺术无论在观念上还是在形式上都发生了巨大变化,中外数码艺术家第一次站在几乎同一条起跑线上,利用全新的数字手段开始新一轮艺术创作。目前该专业已经建设成可以在这一全新领域进行综合性教学及学术研究、交流的国际性教学平台,设有数字视频工作室、娱乐设计工作室、交互式影像工作室。

2. 专业简介

学制:四年制本科

中央美术学院设计学院的数字媒体艺术专业教学主要针对数字产品、网络媒体、视频广告等数字内容产业的发展,研究并发展出具有独立审美价值、时代特色的新艺术形式,引导学生用各种数字、信息技术等新制作形式创作艺术与设计作品。

3. 招生及录取

（1）考生必须参加所在省美术专业统考,统考合格(省统考未涉及的专业除外)并且通过校专业考试的考生,才有资格被录取。学校根据考生文化课、专业课的考试成绩,政治思想品德考察及体检情况全面衡量,择优录取。全国文化统一考试不考"综合"或不分"文科／理科"的省份的考生,其文化课成绩按文科标准录取。

（2）文化课成绩达到学校规定的要求,依据专业成绩排名录取。

（3）文化课成绩线划定办法:凡依据专业成绩排名录取的各专业,文化课总分须达到全国文化统一考试总分750分的50%以上,对外语、语文有单科成绩要求;具体文化课分数线在录取时由学校招生委员会确定。

四、北京服装学院

1. 学校概况

北京服装学院是我国第一所以服装命名的公办全日制普通高等学校。学校依托纺织服装行业和文化创意产业,构建起了"艺术教育与工程教育、管理教育相结合,民族服饰文化与现代设计理念相结合,理论教学与实践教学相结合"的现代服装教学体系,形成了从本科到博士完整的人才培养体系。学校以鲜明的办学特色、突出的学科优势、较强的综合实力,确立了在我国服装高等教育、设计教育领域的重要地位。学校在服务国家重大项目中成绩显著,圆满完成了2008年北京奥运会、残奥会系列服装,神舟系列航天服饰及舱内用鞋,建国60周年群众游行方队及2014年APEC会议领导人服装等设计研发工作。"既充满了中国传统元素,又体现了现代气息"的"新中装"赢得了全世界的赞誉。

学校立足北京,辐射全国,面向世界,始终将人才培养放在第一位。毕业生就业率保持在95%以上,近几年创业率达7%以上,众多校友已成为纺织服装行业、文化创意产业的业界翘楚。

2. 专业简介

学制:四年制本科

北京服装学院艺术设计学院下的数字媒体艺术专业旨在培养在信息产业从事数字娱乐内容设计、信息资讯系统设计、软件界面设计、数字媒体广告与传播、科学视觉化设计等虚拟设计实践,具备科学精神以及艺术创新能力的交叉型人才。该专业非常重视实践环节,除毕业设计外,主要有以下实践内容:移动媒介数字内容设计、各类比赛、实验室横向专题研究、网络媒体调研、采风等。使学生熟悉新媒体发展现状,具备基于交互平台的数字内容设计以及数字体验设计的相关知识和技能,掌握信息设计的思想和方法。

主要课程:创新思维训练、时尚图形设计、图像符号设计、概念设计、脚本及故事板、视听语言、数字音效、影像表达、界面与交互设计、信息设计理论与实践、新媒体广告、数字媒体营销、网络动画、网络游戏、数字短片及后期特效、综合媒介研究以及新媒介艺术等。

3. 招生及录取

学校从符合生源省份艺术类报考条件、录取规定及下述条件的考生中择优录取。

(1)取得省级艺术类专业统考相应专业合格证书(省统考未涉及的专业除外)及学校专业考试合格证书,并且填报高考志愿须与学校专业考试合格证书上的专业一致。

(2)艺术类专业考生的政策性照顾加分在投档时计入文化考试总成绩,录取时不计入。

(3)文化考试总成绩达到学校规定的要求,按照以下原则录取:考生文化考试总成绩在达到学校划定分数线(生源省份本科一批录取控制分数线的60%和生源省份艺术本科录取控制分数线)的基础上,且外语科目成绩不得低于60分(150分制),按照综合成绩从高分到低分择优录取,如果综合成绩相等,优先录取专业考试总成绩高的考生。

五、南京艺术学院

1. 学校概况

南京艺术学院是江苏省唯一的综合性高等艺术学府,是全国31所独立设置的本科艺术院校之一,也是我国独立建制创办最早并延续至今的高等艺术学府。其前身是1912年中国美术教育的奠基人刘海粟先生约同画友创办的上海图画美术院,1930年更名为上海美术专科学校,蔡元培先生任董事局主席,并亲自为校歌作词,题写校训、学训。1922年,颜文樑先生在苏州创办了苏州美术专科学校。这两所中国最早的美术学校于1952年与山东大学艺术系美术、音乐两科合并成立华东艺术专科学校,址于江苏无锡社桥。1958年华东艺专迁校南京。1959年定名南京艺术学院。

学校下设美术学院、音乐学院、设计学院、影视学院、舞蹈学院、传媒学院、流行音乐学院、工业设计学院、人文学院、文化产业学院、高等职业教育学院、成人教育学院、国际教育学院13个二级学院。设有37个本科专业,49个专业方向,涉及多个学科门类。拥有艺术学学科门类下的艺术学理论、音乐与舞蹈学、戏剧与影视学、美术学和设计学全部五个一级学科的硕士、博士学位授予权以及博士后科研流动站。还设有艺术研究院及其下的14个研究所,以及实验乐团、青年舞蹈团等演出机构。学校顺应教育国际化发展趋势,确立对外开放式办学理念,积极开展全方位、多层次的国际交流与合作,先后与美国、加拿大、英国、意大利、韩国等高校建立了良好的校际交流关系,开展了各种层次与形式的合作科研和学术交流活动。

传媒学院以"媒介"和"艺术"为两大特色关键词,强调艺术与科技的结合,注重多学科交叉融合、跨专业联合、实践为用的教学特色。设有动画、广播电视编导、数字媒体艺术、录音艺术、摄影、广告学、影视摄影与制作7个本科专业,以及广播电视艺术学、动画、数字媒体、摄影、录音等硕士学位授予点和博士点,并拥有数字媒体艺术博士后科研流动站。

传媒学院建有"国家级数字媒体艺术实验教学示范中心""省级示范实验中心""江苏省数字音频实验教学示范中心""江苏省虚拟现实艺术实践教育中心",以及中央财政与地方共建的"影视高清实验室"等实验教学基地,构成了传媒学院的实验室集群体系,为教学提供了重要实验平台。通过实验室建设,打通了系科之间的学科壁垒,让不同专业的学生通过实验室教学和项目教学形成合作体制,通过联合作业来实现艺术人才的"跨界"培养,使学生紧跟新媒体环境下艺术创作和传播的新理念、新技术的发展,成为具备较好艺术潜质和科学严谨作风、掌握实验技能、具有艺术创造性以及综合发现、分析和解决问题能力的应用型、复合型和创新型人才。

2. 专业简介

学制:四年制本科

南京艺术学院传媒学院的数字媒体艺术专业旨在培养适应数字媒体产业需求,具有坚实的数字媒体理论和艺术理论基础,系统掌握数字媒体领域的相关理论和基本知识,具有先进的数字媒体理念和策划能力,有较强的实际操作技能,能够担任数字媒体研发、数字出版设计、虚拟现实技术应用、网站策划与制作、游戏策划与制作及相关研究工作的具有现代意识的复合型高级人才。

主要课程：数字媒体理论基础、艺术理论基础、设计理论基础、绘画基础、传播学导论、网络与互动媒体艺术课程群、游戏艺术课程群等，另有外出设计采风、专业设计实践、参与各种涉及数字媒体设计与制作的项目，进行产业项目合作等艺术实践活动。

3. 招生及录取

按照德智体美全面衡量、综合评价、择优录取和"学校负责、招办监督"的原则，公平、公正实施新生录取工作。

（1）江苏：参加省统考，文化分、专业分均达江苏省美术统考公办本科批次省控线，按文化分与美术统考专业分之和录取。

（2）外省：参加校考，文化分达考生所属省普通类本二文科或理科省控线65%，按文化分与专业分之和录取。

说明：文化分是指考生语文、数学、外语三门原始分（不含附加分）与政策性奖励分、照顾分之和。

六、浙江传媒学院

1. 学校概况

浙江传媒学院是国家新闻出版广电总局和浙江省人民政府共建高校，是目前全国培养广播影视及其他传媒专门人才的主要基地之一。学校拥有两个校区，分别坐落于素有"人间天堂"美誉的杭州市和江南名城桐乡市。学校设有播音主持艺术学院、电视艺术学院、电影学院、电子信息学院、动画学院、管理学院、国际文化传播学院、设计艺术学院、文化创意学院、文学院、新媒体学院、新闻与传播学院、音乐学院13个二级学院和大学外语教学部、社会科学教学部、大学体育教学部3个教学部及继续教育学院。建有"媒体传播优化协同创新中心"、"浙江省传播与文化产业研究中心"（省哲社重点研究基地）、"国家动画教学研究基地"等8个省级以上研究机构。

学校学科专业特色鲜明。目前已初步形成以传媒类和艺术类专业为主干，文学、艺术学、经济学、工学、管理学等多学科交叉渗透、协调发展的学科专业体系；拥有"新闻传播学""戏剧与影视学""通信与信息系统""交互媒体技术"等4个省级重点学科；开设本科专业 40 个,其中艺术类专业 18 个,播音与主持艺术和广播电视编导等 2 个专业为国家特色专业。学校于 2011 年 10 月经教育部批准获新闻与传播专业硕士学位授予权,2012 年开始招收第一批新闻与传播硕士专业学位研究生。

学校联手行业合作培养传媒应用型人才,全面实施教育质量和教学改革工程。与全国广电系统合作,建立 200 余个产学研实践教学基地,积极构建学生专业实践和就业的平台。国际交流与合作发展迅速,与美国、英国、澳大利亚、法国、瑞典、韩国等国家和地区的 40 余所高等院校建立了友好合作关系,其中包括美国加州大学伯克利分校、哥伦比亚大学、肯恩大学、澳大利亚悉尼大学、科廷大学、英国考文垂大学和奥斯特大学等。开展了教师访学、产学研合作平台、交流生、交换生、短期访学、国际课堂、联合培养硕士等多种形式的国际交流合作项目。2013 年,与英国考文垂大学合作服装与服饰设计专业本科教育项目获得教育部资格认定。2014 年,与英国波尔顿大学合作视觉传媒硕士学位项目获得教育部资格认定;同年,学校国际文化传播学院的播音主持艺术(双语方向)专业成功申报了浙江省国际化专业重点建设项目。

2. 专业简介

学制:四年制本科

浙江传媒学院动画学院下的数字媒体艺术专业是面向影视、广告、网络等领域,培养具有扎实的艺术基础和熟练的电脑设计制作技能,艺术创新与实践应用能力相结合的复合型艺术人才的新兴艺术类专业,以“数字影视广告制作”和“数字交互艺术”为主要教学方向。

主要课程有:艺术概论、视听语言、摄影摄像基础、电脑三维设计、广告设计与创意,影视广告制作、数字剪辑、影视广告校色、网页设计与制作、虚拟拍摄与数字合成、品牌形象在线包装、互动艺术联合创作等。

3. 招生及录取

(1)艺术类专业考试合格者凭学校颁发的“艺术类专业考试合格证”,按照各省(自治区、直辖市)考试院(招生办)的规定填报志愿,并参加全国普通高校招生统一文化考试。

(2)数字媒体艺术专业贯彻德智体全面考核择优录取的原则,在考生政治思想品德考核和体检合格的情况下,考生文化折算达到 70 分以上(含),按文化折算分排序择优录取。浙江省生源承认相对应省统考成绩,按浙江省教育考试院有关规定择优录取。

七、中国传媒大学南广学院

1. 学校概况

中国传媒大学南广学院是中国传媒大学为拓展品牌优势,充分利用优质教育资源,满足国家对应用型信息传播人才日益增长的需求,与南京美亚教育投资有限公司合作,经教育部批准于 2004 年创办的独立学院。

学校依托中国传媒大学独具特色的学科专业优势,根据"大传播、全媒体、综合性、应用型、国际化"的办学理念,现设有播音主持艺术学院、广播电视学院、新闻传播学院、国际传播学院、摄影学院、演艺学院、艺术设计学院、动画与数字艺术学院、文化管理学院、传媒技术学院 10 个二级学院和 1 个思政与基础教学部。开设了 36 个本科专业,90 个专业方向,基本覆盖了文化传媒各个领域。其中,播音与主持艺术专业为江苏省"十二五"时期重点建设专业。

学校坚持以人为本,实施人才强校战略,逐步建立健全了开拓创新、灵活高效的管理体制和机制。现有一批在教育界、传媒界享有盛名、卓有成果的老教授,还有诸多富于创新精神的中青年学术带头人和充满活力的青年教师,已逐步建立了一支创新能力强、教学水平高、师德品质好的师资队伍和管理团队。学校明确"特色化发展、差异化竞争"办学思路,重视创新教育教学观念,改革人才培养模式,致力于为信息传播领域培养急需的具备国际化视野、社会责任感,拥有创新精神和实践能力的应用型传媒与艺术人才。

学校坚持开放办学、国际化办学方针,积极推进对外交流与合作,长期聘请多名外籍教师在校工作并经常邀请国外专家教授来校讲学。现已与国内外多家高校、科研和传媒机构建立了良好合作关系。搭建了开放式、国际化学术交流平台,曾成功举办了两届"私立大学生态环境及发展战略国际论坛",参与承办了两届"世界大学女校长论坛"以及联合国教科文组织教席会议等国际学术会议,接待了 500 位国外大学校长及政府官员来访。

此外,学校充分依托应用语言教育资源,采取"3+1""2+2"以及"3+2""3+1+1"本硕连读等模式,与国外高校合作培养具有国际视野的传媒人才。现已与英国谢菲尔德哈勒姆大学、芬兰坦佩雷大学、法国卡昂大学、日本城西国际大学等近 30 所国外大学建立了合作办学关系,已累计派遣550余名在校生出国学习,600多名毕业生到15个国家和地区知名高校留学深造。

2. 专业简介

学制:四年制本科

动画与数字艺术学院的数字媒体艺术专业下设数字媒体包装、网络多媒体、数字娱乐三个专业方向,采取"1.5+1.5+1"的培养模式,学生在前三个学期完成文化基础课和专业基础课学习后,根据社会需要、个人专长和学习情况,分流培养。

(1)数字媒体包装

该专业方向面向影视后期制作公司、文化产业集团、影视广告包装公司、影视动画制作公司、电视台媒体包装、报业集团等行业部门,培养既懂艺术又懂技术,具有良好的数字媒体包装技能及相关影视美术素养,熟练掌握各种媒体包装制作软件,运用多种数字媒体创作工具,能够从事舞台视频设计、数字视频编辑、数字平面设计、数字影视节目包装、数字广告设计与制作等工作的应用型、复合型、创新型高级应用人才。

核心课程:数字合成技术与制作、三维动画制作基础、影视虚拟空间技术、剪辑基础、数字影视包装、电视节目制作、电视频道包装、二维数字动画、数字平面设计软件。

另开设中外电影史、影视剧作基础、艺术概论等近14门专业选修课。

(2)网络多媒体

该专业方向面向各大网站、网络公司、交互多媒体制作公司、新媒体互动开发公司、数码广告设计制作公司等行业部门,培养学生具有网络多媒体理论与制作技能,并基于网络平台基础上,向交互式多媒体方向发展,让学生熟练掌握各种网络媒体制作软件,运用多种互动媒体创作工具,能够从事网络多媒体制作、网站设计与制作、数字互动媒体设计与制作、交互界面设计与制作、Flash二维动画设计与制作、数码广告设计与制作等工作的应用型、复合型、创新型高级专门人才。

核心课程:网页艺术设计与制作、交互界面设计、网站程序设计与网络安全、网络多媒体制作、三维影视动画制作基础、二维数字动画、数字平面设计软件。

另开设网络周边衍生产品设计、网络设计与构建、网站商业模式分析等近14门专业选修课。

（3）数字娱乐

该专业面向我国游戏及数字娱乐产业的各个环节,培养具有宽厚的人文社科理论基础,掌握游戏设计及制作理论与相关技能,能够从事游戏系统策划、关卡策划、文案策划、剧情策划、任务策划、游戏原画、二维游戏美术设计、三维游戏美术设计、次时代游戏美术设计、游戏测评、游戏运营及相关工作的应用型、复合型、创新型高级专门人才。

核心课程:游戏原画,二维游戏美术设计,三维游戏美术设计,游戏剧作,游戏设计原理,游戏设计,经典游戏解析。

另开设数字合成技术、互联网运营、二维平面设计、动画运动规律等专业和公共选修课共25门以及专家讲座。

3. 招生及录取

（1）学校为独立学院,考生在填报高考志愿时,须单独填报中国传媒大学南广学院志愿,只填报中国传媒大学志愿而未填报南广学院志愿的考生,学校无法录取。

（2）艺术类考生填报高考志愿时,参加学校艺术类专业校考的考生以合格的校考专业填报高考志愿;美术类及各省要求使用省统考成绩的专业以省统考合格的专业填报,未取得相应艺术类专业合格证的志愿视为无效志愿。

（3）学校艺术类本科专业的录取批次、录取时间,按照生源所在省（直辖市、自治区）高招办的有关规定执行。

（4）数字媒体艺术类专业按高考总成绩,从高分到低分择优录取。在考生政治思想品德考核和体检合格、专业考试成绩合格、高考总成绩达到学校确定的录取分数线的情况下,按高考总成绩优先的原则,从高分到低分,参照报考志愿,确定录取专业,各专业志愿之间无分数级差。高考总成绩出现并列情况时,优先录取政策照顾加分考生,其次依次按照外语、语文、数学科目成绩排序,从高分到低分,择优录取。

（5）高考总成绩为高考文化考试科目的总分,不含任何政策性加分。对享受加分政策的考生,按省（直辖市、自治区）的规定加分提档,但录取时以实考分为准。高考总成绩相同的情况下,优先录取政策照顾加分考生和相关科目分数高的考生。

（6）生源所在省要求使用省统考成绩的艺术类专业,录取办法按该省有关规定执行。

（7）被录取的考生一经查出有替考等舞弊行为，或在报名、考试过程中提供虚假材料者，取消其录取资格。

 数字媒体艺术专业介绍

第二章 专业考试内容概况

不同院校,其数字媒体艺术专业考试内容也有所不同,大致分为以下四类:

第一类是专业艺术学院的考试,如中国传媒大学动画与数字艺术学院、北京师范大学艺术与传媒学院、浙江传媒学院动画学院,这几所院校严格按照数字媒体人才所需具备的基本素质对学生进行全面考查。

第二类是美术学院设置的数字媒体艺术专业考试,如中央美术学院、中国美术学院,他们考查时注重学生的传统绘画能力。

第三类是设计学类的数字媒体艺术专业考试,如清华大学美术学院、江南大学数字媒体学院,这类院校注重学生的绘画和设计创意能力。

第四类则只需学生参加并通过各省的艺术统考,在学生入学以后进行全新的思维引导和专业训练,如吉林艺术学院、同济大学设计创意学院。

对于后三类考试各位考生都比较熟悉,在此不做赘述。现将中国传媒大学和北京师范大学的数字媒体艺术专业入学考试内容进行比较和详细阐述,这两所院校的考试题型基本涵盖了开设数字媒体艺术专业的院校考试题型,其他院校考生可以参考以下内容做相应准备。

学 校	考试内容
中国传媒大学	**面试:** ①自我介绍(中、英文自选) ②回答考官提问:个性化考查考生的专业兴趣、交流能力、想象力及知识面 ③才艺展示:展示考生在计算机、美术、音乐、文学、影视、参与或组织校内外活动等方面的专长、个人创作作品或相关证书。考官可根据考生的实际特长,要求考生进行现场命题创作,如创意设计、电脑制作、程序设计等 **专业笔试:** ①互联网基本常识考查 ②综合能力测试:重点考查学生的知识面、创意思维能力以及逻辑分析能力 ③材料评述:根据一段互联网行业的热点事件文字材料展开评述,重点考查学生的思辨能力以及文字表达能力

（续表）

学　校	考试内容
北京师范大学	**文化笔试：** 考试内容为高中文化课中的语文、英语、数学 **初试：** ①文艺常识：中外艺术、文学基础知识问答（150分） ②形象绘制：将图片中的人物照片绘制成速写造型（100分） **复试：** ①构思阐述：在规定的时间内，按照题目构思情节完整的原创故事，并现场讲述（100分） ②故事创作：根据命题用画面或文字描述故事情节（200分） **三试：** ①现场问答：读图问答（100分） ②才艺展示：现场展示个人才艺（美术、电脑或其他特长）（100分）

第一节　面　试

面试的时长一般为5—10分钟，根据考生临场表现，考官会对面试时间做相应调整。

面试的考核目的有如下几点：

第一，考查学生的综合素质，包括正确的价值观、涵养、专业修养等。从走进考场的那一刻起，你每一个细小的表现都影响着考官对你的评价，所以好的习性、品行养成不可忽视。

第二，发现学生的潜质。学校招收学生希望他（她）具有从事该专业相关的天资、禀赋，通过交谈了解考生的思维、审美，看他（她）是否适合在这个专业领域发展。

第三，挖掘有其他特长的学生。学生有专业外的多项特长，往往思维更加发散，更具创造力，有助于其更快地达到专业上的预期目标。同时，入校后有可能成为各类活动的主力军，为学院带来巨大活力。

一、自我介绍

要求考生简明扼要地介绍自己的基本情况和突出特点（可介绍自己的爱好、

经历、理想、荣誉等）。用于初步了解学生的基本情况，并从侧面反映考生的表达能力、外语水平，也从一定程度上反映考生的综合素质。

二、回答考官提问

这个环节考官看重的是个人思考、分析问题的能力。

1. 即兴提问

考官通过与考生交谈的形式来获得对考生的进一步了解。一般会沿着考生的自我介绍提问，或是提出其他问题，涉及的内容极其广泛，如网络、计算机、艺术、电影知识等。如果考官正好是你所谈这个话题方面的专家的话，可能会问得很深入。当然，"请你谈谈对这个专业的理解"的提问也是屡见不鲜的。

2. 即兴评述

即兴评述就是考生根据现场抽到的题目进行口头叙述和评论。叙述，是指阐明自己对材料的理解；评论，是指就材料发表自己的观点和看法。可以叙述多一点，也可以评论多一点，甚至只评论不叙述，但不能只叙述不评论。

考官对考生即兴评述成绩的评估大致从以下几个方面考虑：立意、结构、表达、交流。要想在即兴评述部分得高分，不妨从以下几方面入手：

首先，观点正确，分析到位。拿到材料后，不要企图找出几个关键词就急于得出结论；要从头到尾通读一遍，读懂材料讲的是什么意思，找到材料的侧重点和考查点，究竟是要你讨论什么事情，从哪些角度谈。

其次，新颖独特，有自己的看法。这并不是说要每位考生都"反弹琵琶"，挖空心思求奇求异，而是看问题的角度独具特色。比如有一篇材料的标题是"今天你被监控了么？"讲的是学校教室里安装了监控器，校方和学生反应不一。有位考生自拟了一个题目"监控与监督"，然后围绕"什么才是真正有效的监督"展开论述，紧扣材料，有理有据，独具新意，得到了很高的分数。

最后，思路清晰，逻辑清楚。

附录中的高频题目汇编，可以为大家提供一些这个环节的备考思路。

三、才艺展示

才艺展示要求考生在3-5分钟内充分展示精通或者达到一定高度的某种艺术技巧。常见的形式有：朗诵、摄影、唱歌、器乐、舞蹈、体操、武术、小品、相声、口技、配音、魔术、模仿、书画、插花、茶道、写作等。

该环节旨在为考生提供一个自我展示的平台,全方位地考查考生的独特才华。具有一定才艺的学生往往能获得考官更多的青睐。

第二节　专业笔试

专业笔试一直是考生拉开分数差距的关键一环,应该引起充分的重视。

中国传媒大学数字媒体艺术专业笔试主要考查学生的综合能力和专业能力,涉及面相对较广,包括文学、影视、计算机、网络、艺术、时政、新闻等各方面知识,题型有填空、画面表达、推理、问答、创意、影像分析等。每年的题都不一样,有时候几乎没有专业知识。北京师范大学则主要考查故事的构思、表达以及艺术表现能力。

一、常识

(一)考试目的

1.考查考生对文学、戏剧、戏曲、美术、音乐、舞蹈等常识的掌握程度。

2.考查考生对电影电视网络基本常识的掌握程度。

3.考察考生对专业领域知识的了解程度(数字影视特效和网络多媒体方向侧重不同)。

4.考察考生对重大新闻事件的敏感度。

(二)考试内容

1. 文学常识

中学课本中所涉及的各类文学常识。

2. 艺术常识

(1)中国古典四大名剧

(2)四大徽班与京剧的形成、京剧的"四功五法"、京剧的行当、京剧四大名旦及戏曲艺术的三大美学特征

(3)重要的地方戏曲剧种

(4)戏剧的种类,如悲剧、喜剧、悲喜剧等

(5)莎士比亚和他的四大悲剧作品

(6)器乐的分类

　　　　（7）器乐作品的演奏形式

　　　　（8）声乐作品的演唱形式

　　　　（9）中国绘画的三大题材

　　　　（10）黄金分割

　　3. 电影电视常识

　　　　（1）电视语言构成：画面、声音、字幕、图形等

　　　　（2）景别、拍摄角度与方向

　　　　（3）运动镜头

　　　　（4）色彩常识：暖色调、冷色调等

　　　　（5）蒙太奇

　　　　（6）影视时空与现实时空的区别

　　　　（7）主流电影

　　　　（8）电影院线

　　　　（9）电影、电视的发明及中国电影、电视的诞生

　　　　（10）好莱坞、亚洲电影著名导演及其代表作

　　　　（11）卓别林的作品及其所反映的喜剧精神

　　　　（12）重大的国际电影节及中国电影获奖作品

　　　　（13）中国重大电影节、电视节

　　4. 数字影视特效方向专业知识

　　　　（1）代表性数字特效影片

　　　　（2）运用数字技术在影视领域具有代表性的导演

　　　　（3）数字动画代表性作品

　　　　（4）数字电影方面代表性公司

　　　　（5）电影中的重要数字技术

　　　　（6）常用后期合成软件

　　　　（7）常用 2/3D 动画软件

　　　　（8）常用平面设计软件

　　　　（9）影视制作流程

　　5. 网络多媒体方向专业知识

　　　　（1）常用术语及缩写

（2）推动网络技术发展的代表技术和代表人物

（3）当下新技术

（4）新技术的最新运用成果

6. 热点新闻事件、基本常识

如"PM2.5 是指什么？""MIT 是哪所大学的缩写"等。

（三）常见题型示例

1. 选择题

以下哪项不是计算机必备硬件（　　）

A. 主机　　　B. 显示器　　　C. U 盘　　　D. 键盘

2. 填空题

莎士比亚四大悲剧是：＿＿＿、＿＿＿＿、＿＿＿＿、＿＿＿＿。

3. 名词解释：文艺复兴

二、故事编讲

（一）考试目的

重点考查考生的想象力、临场应变能力和叙事能力；同时也看考生的表现力，包括文字组织能力、语言表达能力等。

（二）考试内容

在规定的时间内，按照题目构思情节完整的故事，有些学校要求现场讲述，如北京师范大学。其命题内容从单个词语到身边任一对象都可能。

（三）常见题型示例

1. 命题故事

根据设定的题目，考生即时构思并讲述一个故事。

示例：《会飞的车》《2080》《最后一滴水》。

2. 半命题故事

根据给出的故事开头部分材料，将故事讲述完成，准备时间 3 分钟。

示例：悠悠发现一个巨大的山洞，她走到洞穴边，忽然被一股强大的力量吸了进去。瞬间，她好像到了一个世外桃源，这里花香草语、碧水青山……

3. 条件限定故事

根据指定的条件来编故事。

（1）从五组纸牌中各抽一张（这五组分别包含故事的题材、道具、场景、角色、时代），根据抽到的题材编讲一个故事，准备时间 3 分钟。

（2）从几句诗中挑选三句，把这三句诗编讲成一个 500 字的故事。

三、故事创作

（一）考试目的

全面考查考生的艺术想象能力、画面表现能力、对象塑造能力等。这项考试不侧重绘画能力，侧重考生的镜头感、叙事能力，与导演的素质要求较接近。如果不会画画，可以用文字。

（二）考试内容

根据命题用图画或文字描述故事情节，文字体裁要求小说或文学剧本，图画要求以漫画创作和分镜头为主。

（三）常见题型示例

1. 请根据《国歌》画出一组画面。

2. 画面组合《罗拉快跑》，请重新排列，并编写故事。

四、影片评析

（一）考试目的

主要考查考生对影视作品的感悟能力、鉴赏能力、理论分析能力和文字写作能力。

（二）考试内容

观看一段 30 分钟以内的影视作品（作品只播放 1 遍）或指定一部文学作品，按照要求写一篇评析性文章或回答问题。

（三）常见题型示例

1. 观看动画短片《小松鼠之大地分裂》，从创作构思、视觉特效、艺术观点、表现手法等方面来分析，1200-1500 字，写作时间 2 小时。

2. 观看《台北故宫》片段，回答下列问题：

（1）分析片中《台北故宫博物院宣传片》的表现手法及其作用。

（2）分析本片视听语言的特点。

（3）分析本片情景再现的表现方式及其作用。

五、新闻评述

北京师范大学的数字媒体艺术专业和电影学专业可以兼报,新闻评述是电影学专业必考项(详见下表),该项内容在中国传媒大学数字媒体艺术专业的考卷中也频繁出现,考生应引起重视。

专业	考试内容		
	初试(满分250分)	复试(满分300分)	三试(满分200分)
电影学	a. 文学艺术基础知识(笔试,150分) b. 新闻述评(笔试,100分)	a. 才艺展示(100分) b. 构思阐述(200分)	作品分析(笔试)

(一)考试目的

1. 考查考生认识问题、把握新闻的能力。

2. 考查考生通过大众传播媒介表达观点的能力。

(二)考试内容

在规定的时间内,对给定的新闻报道现象进行评论和解析。

(三)常见题型示例

人民网4月2日刊发了一篇《优秀传统文化进入教材课堂——从小学到大学,实现学科课程、教学环节全覆盖》的文章,内容如下:

近日,教育部印发《完善中华优秀传统文化教育指导纲要》,规划把中华优秀传统文化教育系统融入课程和教材体系,分小学低年级、小学高年级、初中、高中、大学等学段,有序推进中华优秀传统文化教育……

根据以上内容写一篇新闻评述。

六、简答题

(一)考试目的

1. 考查考生认识问题、分析问题的能力。

2. 考查考生专业素养。

3. 考查考生文字组织能力。

（二）考试内容

与专业知识有关的方方面面。

（三）常见题型示例

简述计算机技术在影视作品中的作用。

七、速写

（一）考试目的

此项内容为美术特长生的加试项目，和长时间写生不同的是，速写注重敏锐的观察力和快速造型能力。通过速写考试可以了解考生对所表现对象的观察、概括和表现能力。

（二）考试内容

1. 单张动态慢写

考查学生对动作的提炼、概括能力，对对象形态、结构的理解能力以及基本的绘画能力（图 2-1、2-2）。

图 2-1　安格尔速写　　　　　　图 2-2　阿图尔·康勃夫速写

2. 单张动态速写

这类速写要画出某个较激烈的动作瞬间，懂得专注最关键、最有力量的一张（图 2-3）。

图 2-3　德加速写

3. 连续动态速写

这项内容的考查重点不是绘画能力,而是对"运动连贯性"的表达(图 2-4)。

图 2-4　叶浅予速写

4. 连续动态默写

这项内容主要考查考生对人体结构的掌握,对运动的理解程度以及基本的对象表现能力(图 2-5、2-6)。

图 2-5　金政基速写

图 2-6　门采尔速写

第三节　文化笔试

一、考试目的

综合性大学在选拔具有一定艺术潜能和专业技能的学生时,非常重视考生的文化成绩。中国传媒大学在初试结束后,会单独设一个文化笔试,其目的在于考查学生的文化基础。

二、考试内容

考试科目是语文、英语、数学,考试时给每位考生发一个试题小本,答案写在另外的答题纸上。

三、常见题型示例

1. 语文

（1）选择题

内容包括文学常识、字音、成语、错别字、病句、文言文阅读等。

（2）小作文

如：从《青花瓷》《水调歌头》《烟花易冷》等中国风流行歌曲中任选一首,结合具体歌词就文化传承谈谈你对这种现象的看法并说明理由,200 字左右。

2. 英语

接近高考题型,如单选、选词填空、完形填空、阅读和翻译（汉译英或英译汉）。

3. 数学

常见题型为单选、填空和简答。

第三章 专业知识前期准备

第一节 专业书籍的选择

一、常识

郑雅玲:《报考艺术院校快速充电：文艺知识小百科》,中国戏剧出版社 2008 年版

二、故事编讲

1.〔美〕南希·梅隆著,周悬译:《你也可以成为故事高手》,天津教育出版社 2013 年版

2.〔美〕悉德·菲尔德著,钟大丰、鲍玉珩译:《电影剧本写作基础》,世界图书出版公司 2012 年版

3.《微型小说选刊》(半月刊),百花洲文艺出版社

三、故事创作

1.〔美〕乔瑟培·克里斯蒂亚诺著,青语潇译:《笔间映像：故事板的入门与技巧》,电子工业出版社 2014 年版

2.C.C 动漫社编著:《超级漫画素描技法：四格漫画创作篇》,中国青年出版社 2010 年版

3.〔美〕斯科特·麦克劳德著,张明译:《世界动漫经典教程：制造漫画》,人民邮电出版社 2012 年版

4.〔日〕田中裕久著,丁莲译:《日本经典动漫技法教程：短篇漫画绘制基础》,中国青年出版社 2013 年版

该书适合中高级绘画水平并开始创作漫画故事的人,是同类型图书中很好的一本,内容详实,值得借鉴,其中第 2-32 页的短篇漫画创作是很好的自学材料。

5.〔美〕彼得·戴维著,梁卿译:《美国漫画脚本写作教程》,上海人民美术出版社 2011 年版

该书侧重于讲故事的技巧、剧本的构思。

6.〔美〕威尔·艾斯纳著,忻雁译:《威尔·艾斯纳漫画教程:绘画故事和视觉叙事》,上海人民美术出版社 2011 年版

7.〔美〕约翰·哈特著,梁明、宋丽琛译:《开拍之前:故事板的艺术》,世界图书出版公司 2010 年版

8.〔美〕马克·西蒙著,ACG 国际动画教育、任秀静、杜勇译:《故事板:运动的艺术》,人民邮电出版社 2011 年版

四、影片评析

王功山:《影视作品评论与分析》,中国传媒大学出版社 2011 年版

五、新闻评述

刘保全:《获奖评论赏析:兼谈评论的写作技巧》,人民日报出版社 2013 年版

六、速写

1. 陈静晗:《动画动态造型》,京华出版社 2011 年版

2. 沈兆荣:《人体造型基础》,上海教育出版社 1986 年版

3. 李景凯编译:《应用人体结构》,广西美术出版社 2011 年版

4.〔美〕伯恩·霍加思著,周良仁译:《动态素描:着衣人体》,广西美术出版社 2000 年版

5.〔日〕西泽晋著,刘月译:《日本超级漫画课堂:人物素描与写实》,辽宁科学技术出版社 2014 年版

6. 江苏美术出版社编:《人体动态 6000 例》,江苏美术出版社 1987 年版

7.〔美〕道格·贾米森著,余忠、夏霖译:《向大师学绘画:如何默写人体》,中国青年出版社 2000 年版

第二节 基本技能训练

一、常识

该科目主要靠平时积累,多阅读相关方面的书籍。

二、故事编讲

该科目不仅要求考生构思,还要求考生有一定的表达能力,这充分体现了传媒学院的特点。

(一)编故事

编故事不是胡编乱造,而是在一定的逻辑之中展开。故事要有情节的发展,有"开头——发展——结尾"的层层推进过程,此外还要有"情理之中、意料之外"的悬念,这个悬念不仅仅是情节上的,还体现在表述上。

以动画短片《The Chubbchubbs!》(《钢牙小鸡》)为例:

第1步:找到动力源

动力源:一个怀揣上台演唱梦想的歌厅清洁工

第2步:用一句话表达出来

主题:爱心无敌。

第3步:设置高潮和结局

看似幼小柔弱的小鸡瞬间变成了"巨无霸",锋利的钢牙眨眼就吞噬凶悍的强盗,它们才是真正令人闻风丧胆的 Chubbchubbs。随后,Chubbchubbs 又恢复小鸡模样,和清洁工一起上台狂欢。

第4步:根据高潮点和主题设置开端(开端一定要吸引老师)

开端:清洁工劳动时分神闯祸,被老板扔出歌厅

第5步:设置矛盾冲突

矛盾冲突:大家狂奔,因为有人说 Chubbchubbs 来了

第6步:设置动作

失落的清洁工逃跑时,看到了几只小鸡,善良的它不忍心抛下小鸡,于是停下来把它们藏在桶子里,却被凶恶的强盗撞了个正着。

以上 6 步基本可以构思一个完整的故事,当然里面还会有很多细节的设计,需要大家发挥奇思妙想。

(二)讲故事

讲故事要注意将语言叙述与表演结合,恰到好处的表演会为你赢得高分。最忌讳的是:1.念稿;2.没有节奏感;3.自娱自乐,缺乏现场感。

平时多做练习,请老师、同学指出问题并加以纠正,考试一般不会有太大的问题。

三、故事创作

无论是文字脚本还是画面分镜,这一科目的考试都应该清晰展示故事的整体结构、镜头景别、拍摄角度、人物的动作情绪以及故事场景等。所以,这一科目的是对考生专业技能的全面考核。平时需要积累的知识也是多方面的,文学、摄影、美术、音乐等都对故事创作起到重要作用。

(一)文字脚本

文字脚本就是一种剧本,画家根据它来绘制画面分镜,摄影师根据它来拍摄。包括的主要内容有:镜号、景别、画面内容、音乐,有时还会包括拍摄技法、时间、音响等。不管包括多少内容只要能清晰地告诉观众最后呈现的是什么样的画面效果就达到了目的。

1. 基本概念

镜号:每个镜头按顺序的编号。

景别:一般分为全景、中景、近景、特写和显微等。

技巧:镜头的拍摄有推、拉、摇、移、跟等,镜头的组接有淡出淡入、切换、叠化等。

画面:详细写出画面里场景的内容和变化及简单的构图等。

解说:按照分镜头画面的内容,以文字脚本的解说为依据,把它写得更加具体、形象。

音乐:使用什么音乐,应标明起始位置。

音响:也称为效果,是用来营造身临其境的真实感,如现场的环境声、雷声、雨声、动物叫声等。

长度:每个镜头的拍摄时间,以秒为单位。

2. 常见格式

（1）文字式

镜头九（内景）14"—16" 奶奶将了将孩子母亲的头发（镜头是那个母亲的脸部特写），继续说道："歇一会儿吧。"孩子母亲笑了一笑说："不累。"

镜头十（内景）16"—17" 切换至孩子的近景，孩子依在门边看着这一切。

（2）表格式

片名:《国歌》

镜号	景别	技巧	画面内容	解说词	音乐	长度（秒）
1	特—全	拉、俯	黄色的五角星在红色旗帜上晃动。镜头由五角星拉成广场全景,叠出片名,化出	鲜艳的五星红旗是无数烈士的鲜血染红的		15

3. 创意思维训练

故事创作最核心的是创意,创意一方面需要观摩大量影片,另一方面需要了解故事创作的基本方法。

这部分训练可以从学习经典短片开始。平时可以观看一些艺术短片、公益广告、电视广告,然后边看边把画面讲述出来。在对短片创意有了一定的概念后,再选择用文字或者画面的形式编创短小的故事,请老师、同学、朋友们提意见,不断修改、补充、完善。长期坚持这种训练,考试也不会觉得很难。

（二）画面分镜

任何工作的开展都离不开称心如意的工具,接下来的创作除了铅笔,还需要准备彩色铅笔、马克笔、直尺等。

1. 故事构思

（1）从故事情节开始构思故事

这种方法一般是从故事大纲开始构思,然后构思事件的开端和结尾,逐步推敲故事的铺垫部分,属于"角色为情节服务"的构思方法。故事有严谨的起、承、转、结（开始——发展——高潮——结束）,是非常直观有效的编剧方法,和写作的感觉是差不多的。

这种方法更适合情节复杂的长篇故事。比如日本著名漫画大师鸟山明的经典之作《龙珠》,该漫画讲述的是独自住在深山的少年孙悟空,遇上搜集七龙珠的少女科学家布玛,布玛为得到悟空拥有的四星七龙珠而带同悟空踏上找寻七龙珠的旅程的传奇故事。

（2）从一个场景、一个角色开始构思故事

这种构思方法是从人物设定开始的,你的主角是什么性格? 他生活在什么时代? 家庭背景如何? 受过何种教育? 身边有什么朋友? 有没有宠物? 人生经历是什么? 喜欢睡懒觉吗……而这样的一个人去冒险(恋爱,奋斗等)的时候,会遇到什么状况呢? 又会说怎样的话呢? 这样顺着想下去,一个有趣的故事就慢慢浮现在脑海里了。

这类故事构思方法非常适合小片段。比如张乐平先生的"三毛"系列漫画、日本臼井仪人代表作《蜡笔小新》都是以一个角色为中心来讲述故事。

2. 漫画故事类型

（1）四格漫画

四格漫画并非只有四格,也可以是六格、八格。无论几格,它在表现形式上都有规定格式,格式排列规范(图 3-1)。近年来,北京电影学院在考试中已经明确要求考生只能在规范的格子中作画,不能任意改变格子大小。这更加接近电影、电视等媒体的规范,对考生构图能力有了更高的要求(图 3-2、3-3、3-4)。

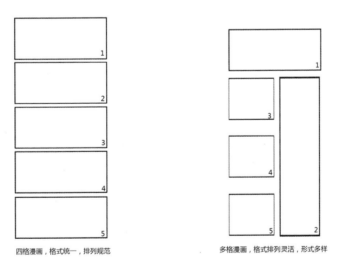

四格漫画,格式统一、排列规范　　　多格漫画,格式排列灵活,形式多样

图 3-1　不同漫画格式

图 3-2 张乐平漫画

图 3-3 莫迪洛漫画作品

图 3-4 莫迪洛漫画

（2）多格漫画

多格漫画的特点是版式灵活,形式多样(图 3-5、3-6)。在没有限制画框的情况下,自由的版式给了考生很大的发挥空间。

图 3-5　鸟山明漫画《龙珠》

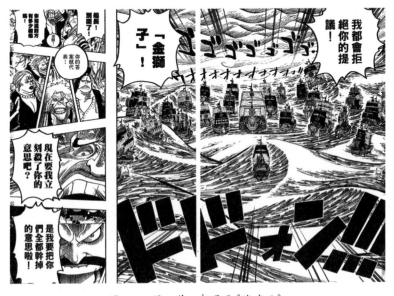

图 3-6　尾田荣一郎漫画《海贼王》

3.基础知识和小技巧

无论是四格还是多格,最终都要将格子里面画进内容,而如何画则涉及许多专业的技巧。

(1)镜头的角度

① 平视:镜头与被摄对象在同一水平线上(图3-7)。其视觉效果与日常生活中人们观察事物的正常情况相似,是人眼睛最自然的观察角度。平视被摄时对象不易变形,使人感到自然、平等、客观、公正、冷静、亲切。平视镜头是一种非常中性化的镜头,是我们多数情况下的选择。当然整篇都采用平视不免令人感到乏味。

图 3-7

② 俯视:从上往下观察的角度(图3-8)。俯视镜头使视觉范围内的物质对象显得卑弱、微小,减低了被观察对象的威胁性,相对增强了观察者这一方的威胁性。俯视镜头常被用来表现站立的大人看着脚下正在玩耍的孩子或宠物、强大的战士看着弱小的对手、高阶的上司看着下属等。

图 3-8

③ 仰视：从下往上观察的角度（图 3-9）。仰视镜头充满了紧张感、压迫感。从底处往上看，视野中的角色对象变得高大，力量感被大大增强，产生令人惧怕、庄严或者令人尊敬的心理感觉。仰视镜头常被用来表现宗教建筑中的神像、人民领导者、拥有特殊能力的超人或者巨大的怪物。

图 3-9

④ 斜视：像人们歪着脖子观察物体的角度（图 3-10）。斜视画面能够带来不稳定感，像一个喝醉酒的人看周边建筑。斜视常用于运动画面，能给观众带来较强的运动感，增加画面的活泼感。

图 3-10

（2）景别

景别是指因摄影机与被摄体的距离不同,而造成被摄体在画面中所呈现出的范围大小的区别。

景别一般可分为五种,由近至远分别为特写(人体肩部以上)、近景(人体胸部以上)、中景(人体膝部以上)、全景(人体全部和周围背景)、远景(被摄体所处环境)。在画面中,交替地使用各种不同的景别,可以使漫画剧情的叙述、人物思想感情的表达、人物关系的处理更具有表现力,从而增强作品的艺术感染力。

① 特写:画面的下边框在成人肩部以上的头像或其他被摄对象的局部称为特写镜头。特写镜头还可以进一步划分出大特写镜头,大特写仅仅在景框中包含人物面部的局部,或突出某一拍摄对象的局部(图3-11)。

图 3-11 《七龙珠》中的特写

② 近景:画面的下边框画到人物胸部以上或物体的局部称为近景(图3-12)。近景的画面形象是近距离观察人物的体现,所以近景能清楚地看清人物细微动作,也是人物之间进行感情交流的景别。

近景画面视觉范围较小,观察距离相对更近,人物和景物的尺寸足够大,细节比较清晰,非常有利于表现人物的面部或者其他部位的表情神态、细微动作以及景物的局部状态,这些是大景别画面所不具备的功能。近景中的环境退于次要地位,画面构图应尽量简练,避免杂乱的背景夺视线。

图 3-12 《七龙珠》中的近景

③ 中景：画框下边卡在膝盖上下部位或场景局部的画面称为中景画面（图 3-13）。一般画框下边不卡在膝关节处，因为卡在关节部位是摄像构图中所忌讳的，所以一般画框下边也不卡到脖子、腰关节、踝关节处。中景和近景相比，包容景物的范围更大，环境处于次要地位，重点在于表现人物的上身动作。

中景是叙事功能最强的一种景别。在包含对话、动作和情绪交流的场景中，利用中景景别可以最有利、最兼顾地表现人物之间、人物与周围环境之间的关系。中景的特点决定了它可以更好地表现人物的身份、动作以及动作的目的。表现多人时，可以清晰地表现人物之间的相互关系。

图 3-13 《七龙珠》中的中景

④ 全景：全景用来表现场景的全貌或人物的全身动作，在画面中用于表现人物之间、人与环境之间的关系（3-14）。全景画面中人物全身的活动范围较大，体型、衣着打扮、身份交代得比较清楚，环境、道具看得较明白。

全景画面中包含整个人物形貌，既不像远景那样由于细节过小而不能很好地进行观察，又不会像中近景画面那样不能展示人物全身的形态动作。在叙事、抒情和阐述人物与环境的关系的功能上，起到了独特的作用。因此，全景画面比远景更能够全面阐释人物与环境之间的密切关系，可以通过特定环境来表现特定人物。

图 3-14 《七龙珠》中的全景

⑤ 远景：是从较远的距离观看景物和人物，视野宽广，能包容广大的空间，人物较小，背景占主要地位，画面给人以整体感，细部却不甚清晰。一般用来表现故事环境全貌，展示人物及其周围广阔的空间环境、自然景色和群众活动大场面（图3-15）。

图 3-15　《七龙珠》中的远景

　　尽管漫画是静态画面，但可以表达镜头的运动，有时候具有很好的画面效果。下面的漫画利用全景、中景、特写三个景别流畅地表达了一个镜头的运动（图 3-16）。

图 3-16 手冢治虫《火鸟》

（3）构图

当我们对前面的知识有了初步了解后,就可以进阶到漫画表现的关键环节——构图。构图也称为布局、设计,其目的是将画面构成元素组织在一起,并能够清楚有趣地传递出它要表达的信息。不同的构图对画面信息的传达效果完全不同(图 3-17)。因此,构图是平时训练中重要的一环,但要真正掌握漫画诀窍还需多向经典作品学习。

图 3-17

① 画面焦点：一个画面我们可以分成 9 个焦点区域,画面构图的要义在于将画面的焦点放在哪个区域（图 3-18、3-19、3-20）。

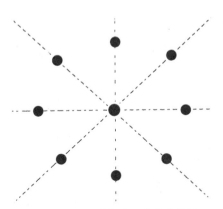

图 3-18　画面划分的 9 个焦点区域

图 3-19　视觉焦点位于画面中心的构图

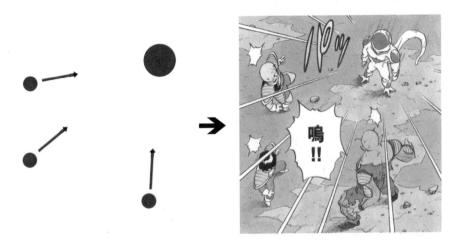

图 3-20　视觉焦点位于画面东北 45° 的构图

② 画面组织：好的构图，画面中重要元素都能组织成一个基本形状（图3-21、3-22、3-23）。构图时，无论多么复杂的内容，我们都可以用基本形体去分析、整理。长期进行这种训练，是提高构图能力的有效方法。

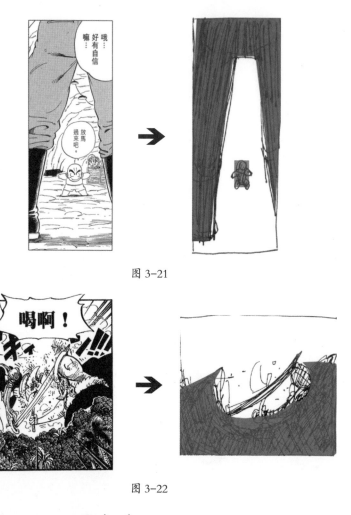

图 3-21

图 3-22

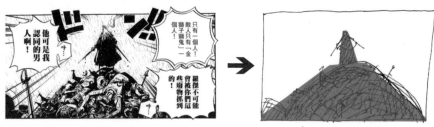

图 3-23

③ 画面空间：空间经常被考生所忽略，我们在平常训练中要注意加强空间意识的培养。处理空间的常见方法如下：

第一,通过主体大小来体现（图 3-24）。

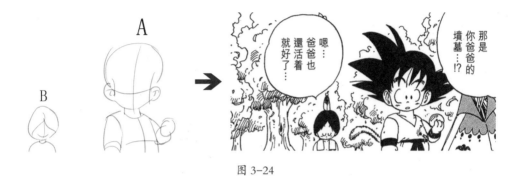

图 3-24

第二,通过位置遮挡来体现（图 3-25）。

图 3-25

第三,通过拍摄的角度(或主体姿势)来体现(图3-26)。

图 3-26

左图已经有了空间感,而右图则显得平面

第四,通过透视线来体现(图3-27)。

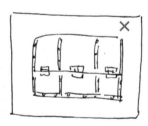
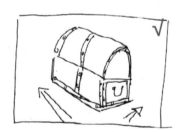

图 3-27

4. 学会上色

　　动画分镜通常只需表达明暗关系，但考题有时也会要求给第一格上色以考察考生的色彩感觉，漫画对色彩则有着明确的要求。因此上色前首先要掌握一定的色彩知识，理解色轮图谱（图 3-28）。

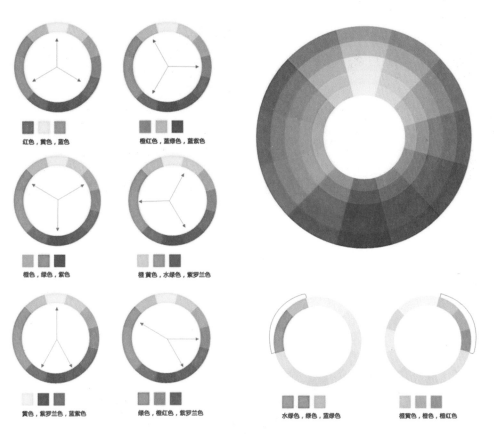

图 3-28 色轮图谱

　　勾勒好线稿其实作品已经接近完成，如果再赋予漂亮的色彩显然会给作品增色不少。考试中因为时间所限，建议用彩铅、水彩、麦克笔上色，因为这些工具比较容易掌握。

（1）对于单幅画面,配色时尽量简洁、明快,多使用邻近色（图 3-29、3-30）。

图 3-29　暖色调

图 3-30　冷色调

（2）当然,暖色调中加入冷色能让画面显得更加活泼,反之亦然（图 3-31、3-32）。

图 3-31　暖中有冷

图 3-32　冷中有暖

（3）为了突出对象,可以使用其补色(图 3-33、3-34)。

图 3-33　紫色衣服在黄色环境中特别醒目　　　　图 3-34　绿色背景中红色尤其突出

　　（4）使用互补色时,一定要注意面积上不要相等。下图画面以黄色为主,作为补色的蓝色、紫色面积上相对小一些、纯度低一些,使画面整体色彩达到了和谐的效果(图 3-35)。

图 3-35

（5）多幅画面同样要考虑整体色调的统一性（图 3-36、3-37）。

图 3-36　以黄、绿两种邻近色为基调的画面

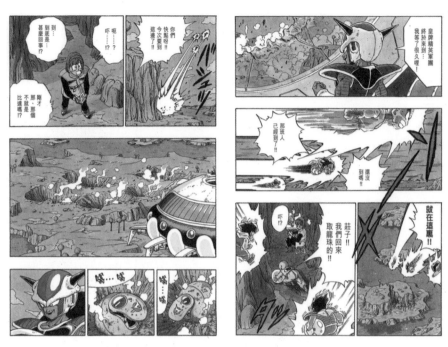

图 3-37　以绿、蓝两种邻近色为基调的画面

5. 漫画台词

常用的台词外框形式如下（图 3-38）。

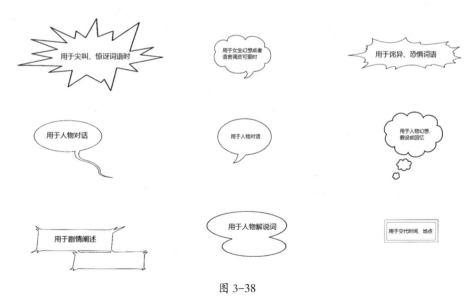

图 3-38

台词外框在画面中的具体应用如下（图 3-39）。

图 3-39

建议尽量用画面来表达，少用台词，台词外框也尽量单纯一点，一到两种即可。

6. 漫画、动画分镜绘制流程和关键技巧

（1）四格漫画

基本按照故事"发生——发展——高潮——结束"安排。四格漫画由于画幅不多，没有多格漫画复杂的结构和表现形式，因此故事的处理便显得很重要。结尾往往采用"出乎意料"的处理手法（图 3-40、3-41、3-42），让人忍俊不禁。这类漫画平时训练时应注重构思巧妙，同时主题明确。

图 3-40　莫迪洛作品

图 3-41　季诺漫画

图 3-42　皮德斯特鲁普漫画

从以上作品不难看出,四格漫画的结构布局是前面蓄力,也就是"埋包袱",结尾处"抖包袱"。

（2）多格漫画

多格漫画无论故事结构还是表现形式都比四格复杂,也是近年来创作考试的主要题型。下面通过案例来逐步分析讲解多格漫画的创作。

[案例]姐姐抱着衣服从茅屋走出来,抬头看到那歧,她既惊讶又激动。那歧朝姐姐飞奔过去,姐姐手中的衣服掉落在地上,两姐妹紧紧地拥抱在一起,愚图站在远处望着。

第一步,勾勒草图。这些草图更多的是直觉,但文字的内容基本要通过草图体现出来。

第二步,调整画面。在草图的基础上,对镜头、构图做进一步分析调整。

第三步,进一步完善画面,突出主题,强化视觉效果,调整构图,细化人物、场景,补充人物对话（图 3-43）。

图 3-43

经过这一步调整,造型上已经非常准确,场景表现更加深入,人物表情、画面构图都很到位,整体来看,故事叙事清晰、生动。

最后一步,勾线、上色(图3-44)。

图 3-44

最终的黑白稿画面生动,情节一目了然,叙述一气呵成。

(3)动画分镜(故事板)

分镜头剧本是指导演在文字脚本的基础上,按照自己的总体构思,将故事情节内容以镜头为基本单位,划分出不同的景别、角度、声画形式、镜头关系等的文字工作本,也称为导演剧本或工作台本。

　　分镜头剧本是导演对由文字形象到视觉形象转变的具体化把握和总体设计，后期的拍摄和制作基本都会以分镜头剧本为直接依据，可以说它是影片的拍摄计划和蓝图。

　　分镜头剧本一般包括镜号、景别、摄法、长度、内容（指一个镜头中的动作、台词、场面调度、环境造型）、音响、音乐等，按统一表格列出（图 3-45）。

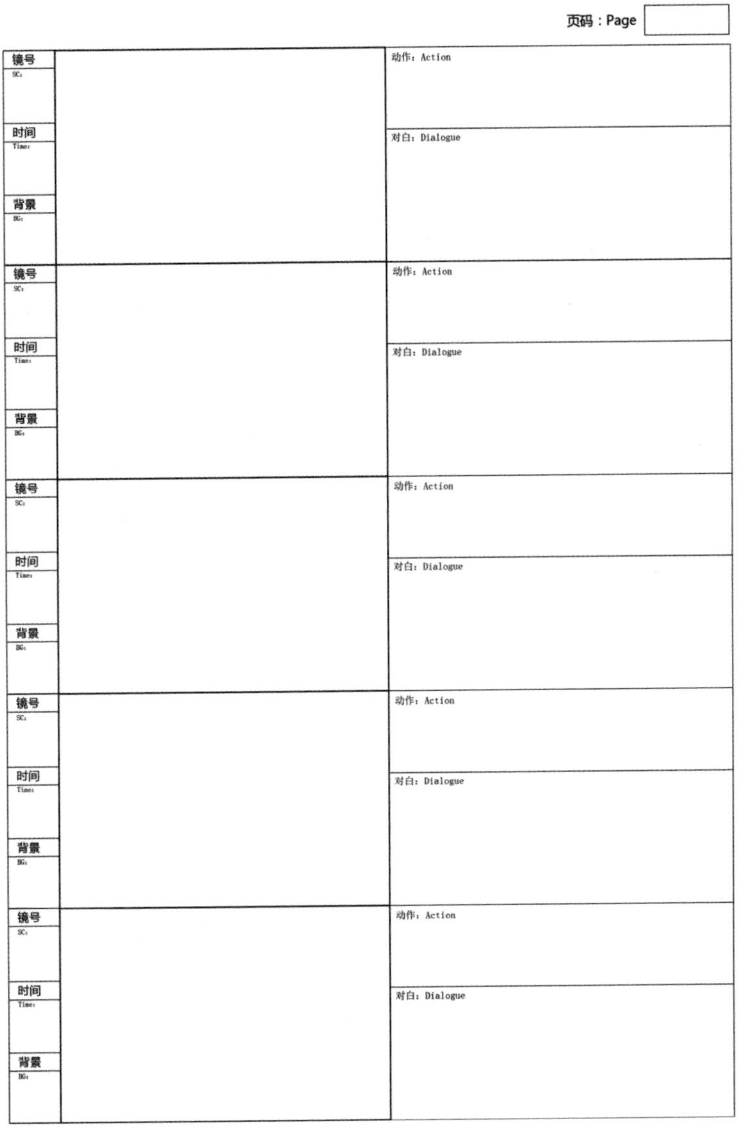

页码：Page

镜号 SC:		动作：Action
时间 Time:		对白：Dialogue
背景 BG:		
镜号 SC:		动作：Action
时间 Time:		对白：Dialogue
背景 BG:		
镜号 SC:		动作：Action
时间 Time:		对白：Dialogue
背景 BG:		
镜号 SC:		动作：Action
时间 Time:		对白：Dialogue
背景 BG:		
镜号 SC:		动作：Action
时间 Time:		对白：Dialogue
背景 BG:		

图 3-45　分镜头模板

动画分镜头和多格漫画相比,其格子大小被预先设定好,不能改变其形状,这便要求考生最有效地利用好格子来讲述故事。它的绘制要求具体如下:

① 故事表达清晰、完整。

② 镜头连接流畅自然,分镜头间的连接须明确(这一点与多格漫画不同,具体连接方式可阅读前面列出的参考书)。

③ 注意叙事的节奏感。巧妙的运用起——承——转——合,画面应具有节奏感,而不是流水账式的描述。

④ 画面景别丰富。在有限的篇幅中,尽可能丰富地展现空间与画面的变化效果,有效地运用全景、中景、近景、特写、仰视、俯视。

⑤ 注意角色动作、表情的生动性。角色是故事的主体,应该成为焦点。

⑥ 对话、音效等标识须明确,而且应该标识在恰当的分故事板画面的旁边(这一点也与漫画不同)。

我们可以通过一些大师的作品来进一步理解动画分镜头的绘制(图 3-46、3-47)。

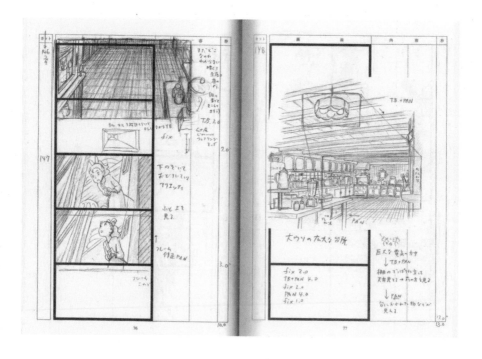

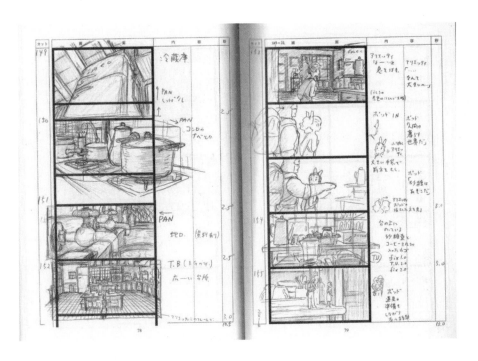

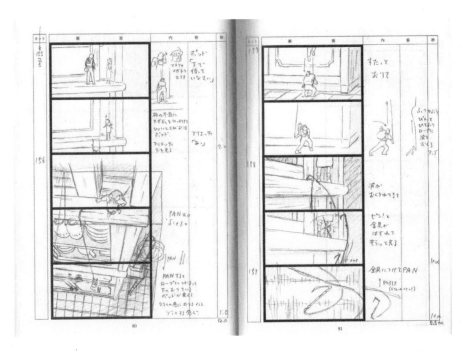

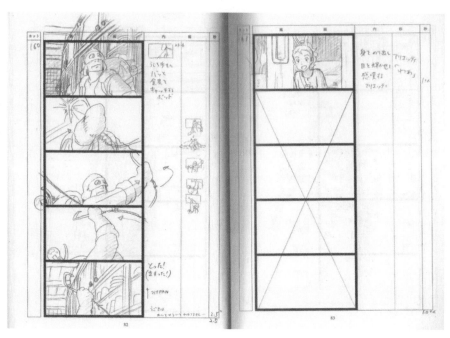

图 3-46 《借东西的小人阿丽埃蒂》分镜

图 3-47 《钟楼怪人》分镜

四、影片评析

该项考试内容要特别注意不要把影视作品分析写成了观后感。观后感重在"感"，表达方式以抒情、叙述为主，内容多为感想、启发等。影视作品分析侧重"评"，要求对作品的主题开掘、人物形象的塑造以及电影语言的运用等方面展开论述与评价。

对于高中生而言，可能还没有经过专业的训练，看过的影片也相对有限，因此可以先确定写作角度。是分析剧作结构还是挖掘影片主题思想，或是分析视听语言的特色，这些都要先确定好，而不是东一刨西一斧的方方面面都去谈。

平时可以多关注豆瓣电影和时光网，上面有很多对最新电影的评论，可以作为学习参考。

（一）写作角度

1. 对影片主题进行评述

主题是作品的灵魂，起到统帅的作用，包含着作者对社会生活的认识、评价，渗透着作者的美学理想、社会理想和世界观。评述主题时要求深入挖掘，有独到见解。

分析主题注意从以下几方面入手：一是作品所表现的生活现象本身的意蕴；二是电影创作者对他所表现的生活现象的思想情感倾向。

2. 对影片美学进行评述

电影作为一种艺术样式，如何呈现美、呈现何种美是颇有趣的话题。当对影片进行评价时，可以考虑从美学的角度切入。从某个比较熟悉的美学样式出发，将影片放在这个样式之中进行分析是一种比较讨巧的方法。

3. 对影片特性进行评述

影片特性由电影的语言、结构、修辞、悬念、音响、色彩、音乐、摄影、特技、表演等共同决定，我们可以从以上各要素展开评论。

4. 从社会文化学角度分析

每一部影片都有一个时代背景，反映着某个社会问题。考生可以就作品包含的社会主体与社会生活之间的关系、作品是如何展开这一社会问题的进行深入分析。

(二)写作思路

1. 捕捉焦点

一部电影涉及很多方面,能够品评的地方很多。考生要敏锐地把握住影片中最能触动观众的地方,并使之在自己的笔下得到理性的升华。如短片《雨人》,对其不能简单地叙述这场爱情故事,而要从主人公面对的生与死的考验中感悟到人性的光芒。

2. 抓住细节,诠释涵义

所谓细节,是影片画面对表现对象的局部或细微变化进行的精要细致地描绘。细节包括人物的举手投足、一颦一笑、声音的变化、道具的运用、色彩的配置、镜头的运动等。典型的细节对展现人物性格、设置悬念、推动情节发展起着积极作用。

3. 立意要新,开掘要深

写影评要抓住要点,有新意。要做到有新意,一是要抓住影片内容,从中寻找现实意义;二是要准确把握影片的精神实质,挖掘影片包含的深刻内涵。例如对张艺谋电影的分析,要紧扣住时代背景,但也不必从思想意义角度分析;如巩俐在张艺谋电影中的形象塑造、张艺谋电影中的男性形象等,都是可以开掘的领域。

五、新闻评述

新闻评述涉及的内容广泛,但作为艺术类考试内容,主要集中在对社会现象的评述,而不会涉及政治、军事方面。它的特点是形式短小精悍、内容鲜明独到、语言生动活泼。和议论文一样,由论点、论据、论证三个要素组成。

(一)基本结构

1. 引述材料,摆出现象(叙)。

2. 从现象中提取观点(评)。

3. 分析论证观点(析)。

4. 总结全文(结)。

(二)写作思路

写好新闻评述应处理好文章的三部分:叙事、说理和融情,这三部分共同构成文章有机整体。事是文章基础,理是文章核心,情则增加文章的艺术性。

叙事是以简洁的语言,概括材料中的事件。

说理是用充分的材料论证自己独到的见解。

融情是指表达的情感要真切,忌矫情、虚情。

六、简答题

平时多关注新鲜事物,尤其和学科有关的最新科技成果,前沿技术等。如2016年李世石和 AlphaGo 的人机大战。

七、速写

想要画好速写一定要深入理解人体结构、掌握人体运动规律,将写生、临摹、默写、慢写、快写等多种训练方法相结合,做到可以默写出任意角度、任意运动状态下的人体形态。

(一)深入理解人体基本结构

1. 比例

人体的比例可以归结为"立七坐五盘三半"和"臂三腿四"之说。人体比例是以头的高度为基准,正常站姿为七个或七个半头高。坐时为五个头高。盘腿时为三个半头高。胳膊的长度从肩关节算起至中指指尖为三个头高,上臂为一又三分之一个头高,前臂为一又三分之二个头高。腿部长度为四个头高,大腿和小腿各为两个头高。具体到手部和脚部的长度,手的长度与脸部的宽度接近,脚的长度和脸部的高度接近(图3-48)。以上是人体各部的基本比例范围,可供画速写时参考。

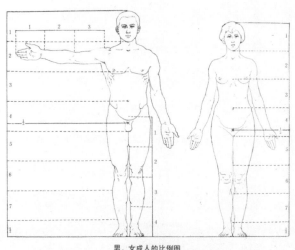

男、女成人的比例图

全身为 $7\frac{1}{2}$ 头长, $\frac{1}{2}$ 处在耻骨联合。

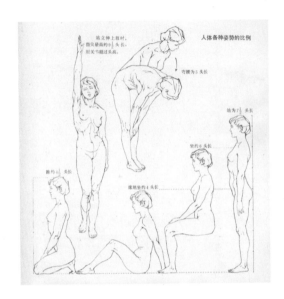

图 3-48

（图片来源于沈兆荣编著的《人体造型基础》）

2. 透视

绘画是在平面上表现空间和立体的艺术,需要运用客观的透视规律来表现（图 3-49、3-50、3-51）,速写同样不例外。对人体的形态进行几何形体的概括,有利于迅速分析和正确理解人体在空间形成的透视关系。

图 3-49

（图片来源于沈兆荣编著的《人体造型基础》）

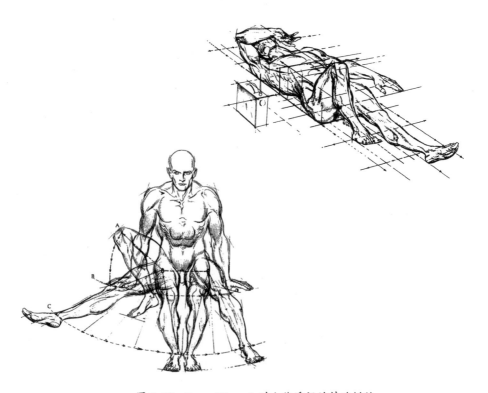

图 3-50　Burne Hogarth 对人体透视的精确描绘

图 3-51

3. 结构

关于人体的结构主要指骨骼和肌肉的组织规律,以及基本体块的构成与运动关系。考生可以多通过相关参考书籍来学习人体解剖等基础知识,加强对人体骨骼、肌肉的了解,为画好人物动态速写打好基础。

(二)掌握人体运动规律

运动状态下的人体千变万化,掌握人物动作的要领,关键要把握"一竖、二横、三体积、四肢"。

"一竖"即脊柱线,是连接头颅、胸廓、骨盆的一条"S"形曲线(图3-52),这条曲线的走向决定了动作的特点。我们在画速写时应该首先抓住这条动态主线(图3-53)。

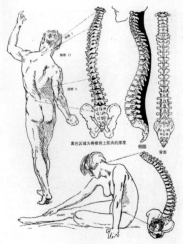

图 3-52　伯里曼对脊柱的研究

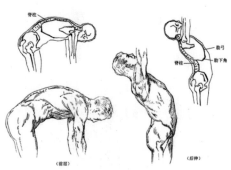

图 3-53

"二横"是指肩线（左右肩峰的连线）与骨髋线（左右髋关节的连线），它们位于躯干的上下两端，是躯干连接四肢的纽带。二横线除人体在立正姿势时呈水平状平行外，活动时均呈相反方向倾斜（图3-54）。

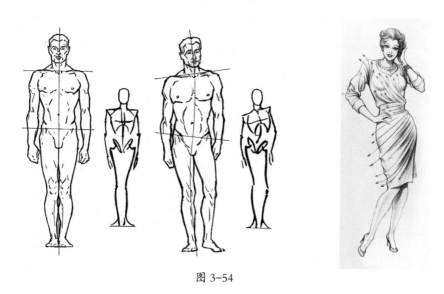

图 3-54

"三体积"即由人的头、胸廓、骨盆分别概括而成的三个立方体体积。它们是人体中三个不动的体块，靠脊柱连为一体，其运动也受到脊柱的支配和制约，在脊柱的联动作用下，三个体积会呈现出方向与角度的透视变化，形成俯视、倾斜、扭动等各种动态。因此，掌握三大块的组成关系，对于速写非常重要（图3-55）。

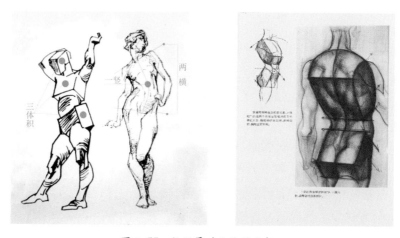

图 3-55 伯里曼对人体的分析

　　"四肢"是指两条胳膊和两条腿(我们也把这四条连线称为动态支线)。它们都是分别连接在躯干上下两端呈圆锥形的体块,通过关节处的活动而呈现不同动作,四肢受制于三大块的运动,但自身也有一定的独立性。在"一条线、两个枢纽、三大体块"准确的情况下,四肢的不同造型和变化为人体运动注入了更加丰富的动作语言(图3-56)。

图 3-56　伯恩对人体姿态的分析

　　"一竖、二横、三体积、四肢"可以作为画速写时的重要参照,也可以利用它检查、纠正动态造型。当然不是掌握了这些就能够画好速写,平时要多练习、多思考,多临摹优秀作品,提高自己的审美和手头功夫,这样,笔下的人物动作才能逐渐合理、自然、生动。

(三)掌握人体运动与衣纹的表现技巧

　　表现人物动作速写,离不开对人体形体结构的理解和对人体运动规律的研究,但要充分表现人物速写还需要掌握表现方法。着衣状态下的人物结构、动作,需要靠衣纹来体现。如何通过衣纹来表现,大致可归纳为以下三个部分:

1. 衣纹与结构

　　衣纹的变化是人体运动的外在体现,衣纹与人体的形体结构相互依存、互为表里。人体任何部位的衣纹都不同程度地反映了内部结构的起伏变化(图3-57)。衣纹用线具有一定规律,即朝关节集中(图3-58、3-59)。

图 3-57

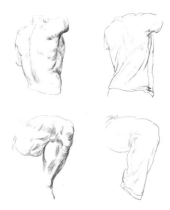

图 3-58　衣纹和人体内部结构互为表里

3-59　大师作品中的衣纹表现

2. 衣纹与轮廓

生活中,我们大部分时间都被衣服包裹,所以如何表现衣纹成为速写的一个重点,其根本是把握好人物的轮廓线和衣纹线(图 3-60)。

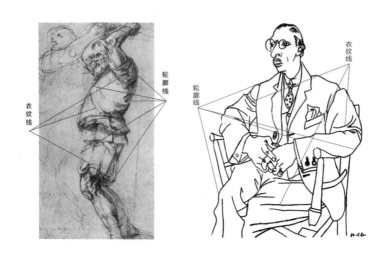

图 3-60

轮廓线是指人物动作形体的边线,可分为内轮廓和外轮廓。由于形体的运动,产生轮廓线条的前后穿插。内轮廓线条聚集,穿插较多;外轮廓结构隆起,几乎没有布纹,线条的穿插也较少。因此,轮廓线要注意衣纹上下前后的穿插,并通过轮廓线准确反映动作的幅度和体块的运动方向等。

衣纹线既有由服饰本身构造形成的,也有关节弯曲形成的,它是表现画面疏密效果的关键所在。在表现衣褶时,要抓住关键的几条衣纹线进行强调,找准前后的穿插关系,避免不分前后上下的线条堆积。服饰本身的装饰线对于动作速写不是十分重要,但衣褶、布兜、衣襟缝纫线、服饰图案等的添加,有利于表现画面的疏密、增强画面的审美情趣。

(四)提升线条的艺术水准

线条本身具有丰富的表现力。前面提到的对人体结构能用线条准确地表现出来也只是一个基本要求。透过线的长短、粗细、虚实、强弱、方圆、顿挫、急缓变化,通过疏密、聚散、巧拙的对比,让作品充满感染力和艺术性是速写的终极追求。线条不仅能反映出线的组织美感,同时还能彰显作者的激情和审美倾向。因此,在平时练习中我们有必要认真学习大师的作品,从而提高自身的审美能力(图 3-61、3-62)。

图 3-61　安格尔速写

　　在平时的练习中,40-60 分钟的慢写和 15 分钟的快写都要有,这样在考场上才能应付自如。尤其规律性动态速写(即模特重复做一个动作,考生画出几个关键姿势),已成为目前的常见考题,考生需加强这方面的训练。

图 3-62　康勃夫速写

扫码看视频　速写

第三节　日常生活积累

一、积累文艺知识

日常生活积累是大部分高分考生的心得。无论是文艺常识、主题创作的考试还是面试,都要靠平时的积累。

比如考官会问到"除了绘画,达芬奇在哪方面还有突出的成就?""《好兵帅克》是哪个国家的作品?""为什么汤显祖被称为'东方的莎士比亚'?""《红楼梦》中'脸若银盘,眼若水杏,眉不画而翠,唇不点而红,任是无情也动人'是描写哪位女子?"之类的问题,这些单靠简单的死记硬背远远无法应付。

二、积累创意素材

考试中无论是构思阐述还是故事创作,创意都不会凭空出现,而是需要有平时生活中不断积累地灵感被激发才能得到。很多临时死记硬背的做法既不科学也不利于考生今后的发展。评卷老师都是富有经验的一线教师,是不是真正掌握了的相关知识他们一看便知,所以不要抱着侥幸的心理临阵磨枪,而要从点点滴滴开始积累,这样才能在专业的道路上越走越宽。无论是日常生活中的所见所想,还是通过媒体得到的信息都要积累起来作为创意的素材,平时进行相应的加工、改编训练,考试时创意就会源源不断。

三、丰富专业知识

在面试中,考官经常会问一些和专业相关但又很灵活的问题,例如:

你能描述一下 20 年后的手机会是什么样子吗?

你认为宫崎骏动画与西方动画最大的不同有哪些?

你简历上说喜欢看电影,最近有哪些人气比较火的电影?

你上社交网站吗,请谈谈这个网站的特点?

你认为诺基亚退出手机市场的原因是什么?

你怎么看待《阿凡达》这部电影?

你平时上哪些网站,网络对你有什么样的影响?

列举四种以上乐器,并分别描述它们的音色带给你的不同感受或联想。

你表演的乐器属于气鸣类乐器吗? 你能再例举出 3 种和它类型一样的乐器吗?

你能用你手中的乐器表达一下你现在的心情吗?

请举例两款策略游戏,并做简单评述。

所以,日常生活中我们也要多关注与数字媒体相关的信息。有关数字媒体的新作品、新技术、新事件最好都能深入了解、认真思考,不能只做简单的涉猎。对专业知识了解越深入,面试时就越轻松。

第四章　应试策略与技巧

第一节　面试应试技巧

一、自我介绍

中国传媒大学的面试时间需要自己在中国传媒大学的官网上选择预约。

面试的考官一般有三位，一位负责报名档案，一位专门记录肢体动作、言谈举止，一位负责提问。

自我介绍通常是面试的第一环节，中、英文都行。如果你口语和听力一般的话，建议还是用中文。一方面，中国传媒大学和北京师范大学很多面试老师外语能力都很强，甚至不乏本科是学外语专业的老师，这一点如果你有机会参加中国传媒大学国际大学生动画节就会深有感受。另一方面，用英语自我介绍后，接下来考官很有可能用英语来提问。当然，如果你在英文方面有很强的优势，那大大方方用英文，突出的表现会为你加分。

姓名、年龄、性别、来自哪里等这些个人基本信息报名表上都有，因此在自我介绍时要突出自身优势，并且将重点和精彩内容放在前30秒中讲述以吸引考官。

比如，有一位考生的自我介绍开场是这样的："大家好，我叫苏琪，和台湾影星舒淇谐音，但我并没有她那么姣好的容貌和婀娜的身材，可作为女生，我同样有着被万人瞩目的渴望，尽管现实中我不能成为一名演员，但我可以借助动画来实现。"诙谐幽默又很朴实的一段话瞬间引起了考官的注意。

还有一位考生走进考场后的第一句话是："老师好，我是一名名副其实的90后，同学们眼中的高大帅。"接下去他实事求是地说出自己身上有90后的很多缺点，但又有自己独特的优势，并把自己的特点详实地列举出来，考官们对这位90后留下深刻印象。

2003 年"新苗杯"全国中学生电视节目主持人大赛总决赛上一位叫杨铱的选手的自我介绍令大家耳目一新。她一上台就用寥寥几笔在画板上画了一个大眼睛的女孩子,然后介绍她的名字"铱"是爸爸从元素周期表里找出来的,小时候的她学英语把"egg""apple"说成"阿公""阿婆",最后点出画板上这个大眼睛的女孩子就是她自己。语言形象,生动有趣,形式新颖独特。

自我介绍完后考官一般会根据考生的自我介绍内容进行提问,因此自我介绍时切忌设置"自我陷阱",说一些自己并不熟悉的内容,例如:

考生:"我来自东方莎士比亚汤显祖的故乡......"

考官:"为什么说汤显祖是东方的莎士比亚? 除了《牡丹亭》他还有哪些代表作?"

考生:……

二、回答考官提问

回答问题时要听清或看清题目,明确题旨,思考清楚之后再从容应答。答非所问、语无伦次、吞吞吐吐,会给主考留下一个反应迟钝、思维混乱、语言不畅的印象。有的考生回答不上来主考的提问,就低头不语、东扯西拉,这些都不是明智的做法。碰到不会的问题可以说:"对不起,老师,这个问题我一时想不起来,您能再给我提一个问题吗? 谢谢老师!"这样的回答既显得机智,又很有礼貌,即使答不上来,也会给主考留下一个不错的印象。

切忌以下情况:

（1）拉扯熟人

"我认识你们学校的 ××。"

"我和你们学校的 ×× 是同学,关系很不错。"

（2）不当反问

问:"关于能否考上,你的期望值是多少?"

答:"成败就看你们的了。"

（3）不切实际

问:"你有何优缺点?"

答:"优点有……。目前我没有发现自己有什么缺点。"

（4）本末倒置

考官："请问你有什么问题要问我们吗？"

考生："请问你们招考比例有多少？请问你们在学校担任什么职务？"

三、才艺展示

（一）选择技巧

很多考生展示的是绘画作品，而数字媒体艺术专业对绘画基本技能的要求，通过多年的基础训练一般都能达到，重要的是可以通过作品展示与其他同学不同的艺术思维和审美能力。如果有木雕、篆刻、书法、剪纸、漫画、水彩、泥塑、沙画、插画、角色设计、场景设计之类的作品不妨大胆展示出来，哪怕是捏泥人、浇糖画、折糖纸这类形式都会引起考官极大的兴趣。即使作品还很稚嫩也没关系，考官看重的是考生的潜质，而不是现在的作品有多完美。如果是多媒体作品，如动画短片、平面设计、网站设计、电影短片、后期特效、音频作品、三维动画等，可以准备 iPad。如果在某些比赛上获过奖，或是有需要较长时间展示的才艺，可以用呈示获奖证书原件或作品原件这种方式进行展示。

除了和数字媒体关系密切的计算机、美术、影视，还可以展示舞蹈、器乐演奏、戏曲、魔术、杂技、武术等，考官对这些带有"武器装备"的考生都有浓厚的兴趣。才艺展示技巧很重要，如果技巧还不够纯熟，可以换个思路，从题材和形式上做文章。比如有的考生把武术和音乐相结合，魔术与舞蹈相结合等，这种新颖的结合形式既体现出考生的创新能力，还可能会获得意想不到的高分。

（二）注意事项

1. 有礼貌

入考场的种种细节，虽然无关乎专业水平，却能影响考官对你的看法，考官还是偏向于有礼貌、有教养的学生。进入考场要主动说"老师们好"这类礼貌用语；面试结束后，起身对考官表示感谢；离开时先打开门，并转身向考官鞠躬再见，将门轻轻合上。

2. 道具和服装准备

需要用到道具、服装的才艺展示，考试前一定要准备好。如小提琴的音是否调准，古筝的假指甲是否带好，舞蹈用的音乐是否就位，小品、杂技的道具是否准备好，这些都要事先检查。表演时有服装的尽量用舞台服装，这不仅能看出你对考试的重视和用心,还能很快把你带入到考试的状态中。当然,考生本身的艺术功底扎实是根本。

3. 实事求是

考场中真实的回答很重要。有一个考生的才艺展示是萨克斯,吹完以后老师问他学了多久,考生吞吞吐吐地说从小就学,然后老师让他演奏别的曲子,结果他不会,换了好多个曲子,他还是不会,这给老师留下非常糟糕的印象。

北京师范大学的美术特长展示,有时会现场加试速写;而展示电脑作品时,老师会问到很多技术问题,如果用别人的作品代替很容易就露馅了。考官阅人无数,和考生水平不符的作品一眼就能看出来,所以千万别抱有侥幸心理,展示的一定要是自己的作品。用别人的作品冒充一旦被发现,其结果只能是和梦想擦肩而过。

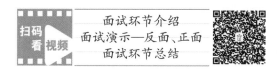

第二节　笔试应试技巧

一、常识

这方面主要靠平时积累,中国传媒大学的考试不仅限于文艺常识,还有影视、计算机科学、新闻事件等,北京师范大学偏向于文艺常识。

二、故事编讲

1. 简单有趣

在几分钟时间里讲述一个故事,最好使用简单的结构,以一个角色为中心来展开。故事的趣味性,则可以通过一定的矛盾冲突来体现。

2. 重视开头

优秀影片的开头都有精心的设计,比如《拯救大兵瑞恩》《阿凡达》《2012》等。因此故事讲述的开始部分一定要具有吸引力,从情节内容、叙事方式、语言表达等方面着手都可以。

3. 完整合理

故事结构要紧凑,完整性是基本要求。故事的起因、角色之间的矛盾冲突、结局如何等这之间都要有隐形的线索、清晰的逻辑。

4. 肢体语言和个性对白

适合情境的肢体语言可以打破口头讲述的单调性,有时加入一些方言(四川话、湖南话、陕西话都十分有特点)也别有一番味道,当然前提是不影响对故事的理解。

三、故事创作

很多考生对这项考试存在误区,认为故事创作一定要画得很好。数字媒体艺术专业考查的是考生的镜头感觉、创意思维和基本叙事能力,即使画面简单、符号化,但只要满足上述要求仍旧可以得到高分。大导演斯皮尔伯格也不是画画高手,但他只用简单的符号就能把故事清晰、艺术地描述给演员和摄影师。因此,不要在意你画面的逼真程度,把精力集中到创意、镜头、故事上去。即使你一笔都不会画,也可以用文字写出来。

1. 保证故事文字或画面的完整性。如果不完整很难进入高分行列,甚至有可能直接被淘汰。

2. 巧妙的艺术处理和叙事逻辑。同样的内容,不同的讲述方法,是倒叙、插叙还是补叙,吸引力是不同的,直接影响着影像的呈现。

3. 张弛有度的叙事节奏。好的故事一定有好的叙述节奏。镜头的节奏变化要为主题服务,起到推动情节发展、表现情绪的作用。表现形式与内容的高度统一,可使故事进行自然生动,产生扣人心弦的艺术感染力。

4. 丰富合理的镜头语言。分镜脚本可以表现出丰富的镜头语言,视角、视距、景别、方位、景次、构图、光线、色彩上的各种变化都让它充满魅力。分镜头的切换可以产生多视点、多空间、多角度、多侧面的造型,使艺术形象丰满鲜明,人物传神而具有强烈的艺术感染力。所以文字脚本或者画面分镜都要注意镜头语言。

5.专业的标注

在表述画面内容时,不能忽视镜头号、镜头技巧、时间的标注,不能忽略动作和对白的内容和音乐提示。这些细节也反映了你的专业水准。

6.简洁的色调

用画面形式表现时,画面色调不要过于复杂,可以参考前面所讲的色彩知识。如果时间紧迫,用灰色马克笔简单上阴影就可以了。

四、影片评析

1.可围绕作品的立意、人物、题材、主题、结构、画面、视听语言、制作风格等某一方面进行深入论述,不要"蜻蜓点水"似的面面俱到。

2.评析性文章属于议论文范畴,不要写成感想式的读后感、随笔、散文等。

3.观点要有一定的新意,条理清晰,论据充分,论证有力。

4.重视开头和结尾。

5.联系影片具体内容进行评述,而不是自说自话。

6.字数不要和规定范围相差太大,除非特别擅长,否则写得越多越容易暴露问题。

五、新闻评述

1.叙述简洁、准确。

2.在合理的基础上,论点独特、鲜明。

3.不能只做简单的叙述,要从一定的理论高度去剖析。

4.论据充分,用有力的事实去支持论点。

5.有一定的文采。

六、简答题

1. 字迹工整, 语句通顺, 条理清晰。

2. 观点鲜明。

3. 适当运用专业术语, 体现出一定专业素养。

七、文化笔试

把握好做题顺序, 拿到试卷, 先观察分数分布和难易程度, 先做有把握得分的题。同时, 要掌握好时间, 考题并不难, 很多考生因没有掌握好时间而与理想的学校失之交臂。

附　录

一、考官提问高频题目汇编

1. 你为什么报考数字媒体专业？

2. 你认为什么是数字媒体？

3. 家里人来了没有？

4. 刚才和你一起来的同班同学，他的成绩怎么样？你和他比较哪个好一点？

5. 你文化成绩大概能考多少分？

6. 你还报考了哪所学校？如果两所学校都能录取，你会选择哪所学校？

7. 你为什么报考我们学校？了解我们学校吗？

8. 电影《阿凡达》的导演是谁，他还有哪些作品？

9. 你怎么看近期大量年轻人离开北上广这件事？

10. 你小提琴拉这么好，怎么没想考音乐专业？

11. 梦工厂的哪几部影片让你印象最深？谈谈你的看法。

12. 你最喜欢皮克斯的哪部影片？谈谈你的看法。

13. 梦工厂的三位创始人分别是谁？

14. 列举你知道的几位比较有影响力的中国动画导演名字，并列举他们的代表性影片，谈谈你对这些影片的理解。

15. 列举两位外国（或限定于日本、美国、俄罗斯）导演名字，说说他们有哪些作品。

16. 列举斯皮尔伯格导演的三部作品。

17. 色彩三要素是什么？

18. 请现场编一个故事。

19. 迪士尼为什么用一只老鼠做形象代言，如果不用老鼠你觉得他们会选择什么？

20. 想象一下桌子上的数码相机除了照相还有什么功能？

21. 根据"绿色"想十种情景或者事物。

22. 你最喜欢什么颜色,为什么？

二、优秀作品选编

（一）故事创作

家庭作业

故事梗概：

因老师布置作业太多且完不成会有惩罚,千千害怕受到惩罚拼命赶作业,累得生病了,趴在桌子上睡着了。而她依然想着作业的事情又做起了作业,再次趴在桌子上睡着。这次她做了个甜美的梦,在梦里书本带着她飞过草原、穿过森林,到了她一直渴望的海底世界。醒来后却发现……

人物介绍：

千千：二年级的小女孩,胆小,学习认真刻苦

妈妈：温柔,慈祥

老师：严厉,苛刻

书本：小天使

小唯：千千的好朋友

（1）日、内、教室内

"铛铛铛"下课铃声响起。

二年级一班的学生们都收拾起了书包。

有的已经背起了书包,站起身来。

老师："下周回来检查作业,做不完就在外面给我站一个星期！"

老师说完,拍拍课本走出教室。

学生们背着书包往外走。

千千将课本和文具盒放到书包里。

好朋友小唯走到千千身旁。

小唯："这次老师布置的作业好多呀！我还想出去玩玩呢。看来只能待在家里做作业了,还不知道能不能做完。"

说着两人走出教室。

（2）日、内、房间里

千千推开门走进自己的卧室。

走到书桌旁,放下书包,坐下。

拿出课本和新的作业本,打开文具盒。

文具盒里削好的铅笔放得整整齐齐,橡皮干干净净地躺在角落。

千千从里面拿出一支铅笔,便埋头写起来。

（3）日、外、房间外

几片树叶从树上慢慢飘落。

鸟儿成群地向南飞去,西边晚霞泛起,夕阳逐渐降到地平线下。

周围的景物开始变得朦胧,渐渐暗下去,月亮出来了。

（4）日、内、房间里

千千趴在书桌上低头写着作业。

旁边的台灯已经打开。

打开的文具盒里零散着几支铅笔,桌子上放着一排已经用过的铅笔,橡皮被擦得满身乌黑。旁边放着一个写完了的作业本。

妈妈推开门进来,打开房间的灯,走到千千身旁。

妈妈（边整理着桌子上的作业本边说）:"吃完饭再写,先歇歇,明天不是周六吗?"

千千:"嗯。"

千千继续写着。

妈妈:"作业再多饭总得要吃,这样才有力气完成作业对不对。"

千千头也没抬,还是不停地写着。

妈妈:"好了,我们先去吃饭。"

千千低着头继续写着作业。

妈妈说着把台灯关了,千千一下子哭了起来。

妈妈（把千千揽在怀里）:"怎么了,哭什么?"

千千哽咽着不说话。

妈妈:"谁欺负你了?"

千千趴在妈妈怀里哽咽着摇头。

妈妈:"怎么了,给妈妈说说,或许妈妈能帮你呢?"

妈妈说着用手温柔地托起千千的脸。

千千抬头看着妈妈。

千千："妈妈,我怕。"

妈妈(着急地问):"怕什么?"

千千擦了擦泪水,妈妈抚摸着千千的头。

千千："我怕罚站。"

千千说着低下了头。

千千："老师说完不成作业在教室外罚站一个星期。"

妈妈："傻孩子,就为这事哭成这样吗? 老师那是吓唬你们,为了让你们努力完成作业,再说这不还有两天时间吗?"

千千："那也写不完,很多很多的作业。"

妈妈："你就认真写,认真写还写不完我去给你们老师说你用功写了,老师就不会为难你了。"

千千抽噎着抬起头看着妈妈。

千千(兴奋地):"真的吗?"

妈妈："当然了,擦干眼泪,现在去吃饭。"

千千擦干眼泪和妈妈走出卧室,关上门。

(5)夜、外、房间外

夜空中,月亮快速地移动着躲进云里。

树枝被风吹得摇摇摆摆,树影照在墙壁上。

(6)夜、内、房间里

千千还在写着作业。

妈妈(推开半边门):"早点睡,明天早晨起来再写,别着凉喽!"

千千："嗯。"

妈妈关上门走出去。

千千抬头看着窗外的星空。

(7)夜、外、空中

天空中的星星一闪一闪,每个星星都舞动起来,离开了原本的位置,围着圈转了起来,变换着各种形状。

（8）日、外、树上

两只小鸟叽叽喳喳地叫着。

一片树叶落下。

（9）日、内、房间里

千千趴在书桌上睡得沉沉的。

妈妈："怎么趴在这里睡着了？"

妈妈说着双手去抚摸千千的脸。

妈妈（涨高了声音）："怎么那么烫？"

千千睁开沉重的双眼。

千千："嗯……"

（10）日、内、房间里

千千躺在床上。

妈妈端来一碗粥。

妈妈："医生说了让你多休息，作业先放下，好吗？妈妈去跟你们老师说。"

千千一勺一勺地喝着粥。

妈妈："妈妈有点急事，等会要出去，你在床上休息一会儿，妈妈很快就回来，好吗？"

千千点点头，躺下。

妈妈给千千盖好被子，走出去。

千千躺在床上，闭上眼睛。

脑海里想的却是老师那张严肃的脸在朝她咆哮，她站在教室外面罚站，同学们嘲笑她，别人都可以回家她要待在学校补双倍的作业……

千千猛地睁开那双小眼睛，转过头看了看书桌上的闹钟，秒针吧嗒吧嗒的走着，已经4点多了。

千千转过头，用她那双小手摸了摸自己的额头，揪揪眉心，掀开被子从床上下来，坐在椅子上，掀开书本，拿出一支铅笔开始写起来……

作业本一页一页的翻着。

铅笔刷刷的自己在作业本上写着字。

千千："哇！"

千千不由惊叫着，睁大了眼睛。

语文课本腾空而起,敞开,翻了过来,两侧的纸像翅膀一样扑闪着。

千千惊奇地张大了眼睛,看着飞起的语文课本。

课本朝千千靠近,上下飞着。渐渐靠近千千。

千千看看刷刷写个不停的铅笔,作业本在快速地翻页。

千千抬头看着飞起来的课本,高兴地朝语文课本伸出手。

（11）日、外、森林里

课本瞬间带着千千飞到窗外。

千千坐在课本上。

她慢慢地伸开手臂,微风吹在脸上,头发随风飘动着,露出了笑容。

脚下白白的云朵缓缓移动,云的间隙露出下面碧绿的树丛。

她们在树林里急速飞行,穿梭在丛林中。

小鸟追随着和她们嬉戏。

忙着摘香蕉和打闹嬉戏的小猴子们,挂在树上摇摆着看着千千。

正在吃树叶的长颈鹿也转头望着她们。

在河边饮水的斑马摇着尾巴抬起头来,跟千千微笑。

千千开心地对它们招手。

（12）日、外、海洋

穿过森林来到广阔无垠的大海,湛蓝的海水,在阳光的照射下,像蓝宝石般晶莹剔透。

水里各种各样的鱼在珊瑚丛中穿梭游荡。

书本降低飞行。

千千伸手拨弄着海水。

水下的鱼儿游过来亲吻她的手指。

远处海面上时而有鱼儿腾空跃起,又落入海里。

千千看着那些腾起的鱼儿,和它们招手。

千千伏下身体靠在书本上,跟书本说了些什么。

书本腾空飞起,飞到高空。

千千紧紧抓住书本,

书本飞快地向下俯冲,

海面分成两半,像是被巨斧劈开一般,中间露出一个大峡谷。

书本冲下来飞在中间。

千千可以看到两边海水里成群的鱼儿在自由地游动。

上面的海水慢慢靠近开始并拢。

千千和书本完全被海水所包围。

她们在水中游动。

美丽的珊瑚丛随着海水的浮动微微地摆动着,五颜六色的鱼儿成群地游动。

前面若隐若现有人向她招手,是妈妈。

千千挥动着手臂,回应妈妈。

妈妈微笑着伸出手。

千千也伸出手去拉妈妈的手。

（13）日、内、房间里

千千躺在床上,蹙了蹙眉,睁开了眼睛。

看着天花板。

妈妈把千千伸出来的手,放到被子里。

千千看着妈妈。

千千:"妈妈,几点了?"

妈妈:"醒了,饿了吗? 你这孩子真是不听话,妈妈怎么给你说的。"

千千(着急地):"妈妈,几点了?"

妈妈:"三点多了。"

千千(疑惑又焦急地):"三点? 今天不是周六吗?"

妈妈:"你已经睡了一天了,今天是周日,感觉好点了吗? 妈妈去给你做点吃的,你先躺一会儿。"

妈妈转身走出房间。

千千顿时沉默了。

她将头渐渐往被窝里缩,直到被子完全将她包裹住。

被子上下起伏,千千发出轻轻地哭声。

桌子上的闹钟滴答地走着。

作业本上的铅笔微微动了一下,站起身来……

（二）文字分镜（广告）

什么都能快递

镜号	景别	画 面 内 容	广告词（台词）	音乐效果
1	远	一个身穿DHL制服的男工作人员,走向客户家,按门铃		音乐起↓
2	特	门被缓缓打开		
3	近	露出一个女人的背影,DHL快递的工作人员热情向她介绍快递的相关事项		
4	特	女人缓缓走向快递人员,镜头上出现一个漂亮但忧伤的女人的脸,女主角眉头深锁,忧伤地看着快递工作人员,突然吻上他		
5	远	工作人员不知所措地被女主角吻着,一路被女主角吻到门前的柱子上,脑子一片空白,紧张得把手靠着后边的柱子上		· · ·
6	近	女主角吻完抬起头,深情地看了快递人员一眼		
7	特	场景转换,来到一个写字楼的办公室里,接收快递的男人正在签字		
8	远	快递工作人员看了男人一眼,突然亲了他一下,签收的快件掉在地上		
9	近	男人受到惊吓,连忙往后退,可是快递人员抱着男人的脸猛亲了起来		
10	近	男人被快递工作人员亲着一路往后退,一直退到身后的办公桌,直到被工作人员亲到坐在办公桌上,用手支撑着身体,桌上的书散落一地,嘴里还伴着不解的声音		音乐止
11	特	镜头中出现广告语	We deliver, Whatever	
12	特	出现快递公司LOGO		

（三）画面分镜（故事）

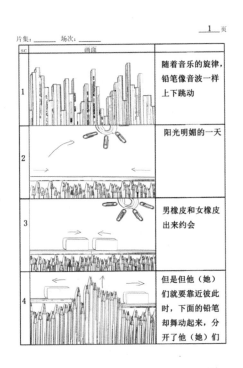

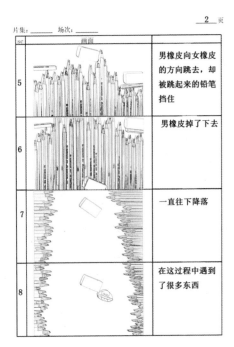

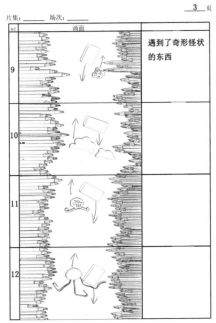

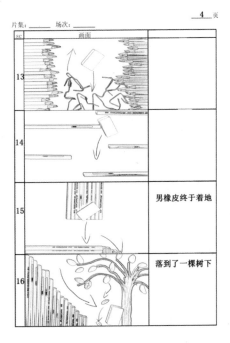

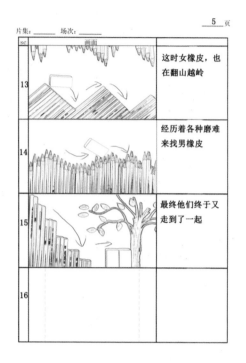

（四）影片分析

小议影片《起风了》色彩对情节变化和剧情展示的作用

每一部动画都大致有自己的色调,校园青春较为明丽的色调,战争死亡较为阴沉的色调,色调大致决定了这部动画整体的走向。宫崎骏的动画因为几乎都是手绘,所以他的动画色彩感觉比电脑上色更加有特点。

宫崎骏的动画色彩大多轻薄、明亮奇幻,让人感到愉悦,因为其中充满着幻想、寄托着美好。偶尔也会有像《哈尔的移动城堡》或者《千与千寻》这种浓烈、华丽的用色。《起风了》更接近《天空之城》和《幽灵公主》这类剧情相对浓重的影片,所以在这部动画中色彩的变化给我的感觉尤为明显。

男主人公坐在火车上的场景我记得尤为清晰:大片的绿色田地和山脉,湛蓝的天空和白色轻快的云朵,清爽的风、清新的少女伴着舒缓的音乐给人一种轻松、宁静、温和的感觉。瞬间,黑暗地底的崩裂伴着地平面下大片的红色火星,浓重的烟雾弥漫开来,色调从清丽开始变得灰蒙蒙的。红、黑的暗沉与之前蓝、绿、白的清新有了很大的差别,色调的转变体现了情节的急转直下,烘托了突变的可怕和灾难的来临。

　　影片中日本的落后和发达国家的强大对比，在色彩上也有所体现。当画面在日本时，因为缺少工业和机械，房屋是木质和茅草的，色彩大多为泥土般的土黄色，房屋建盖在绿色的田野中。当画面转向发达国家，深红砖瓦砌成的厚重大型建筑，汽船、汽车、飞机所产生的烟雾，使之与日本之间的差异对比更加明显。再说十年后，日本已经有了很大的发展，虽然灾难后的房屋已经基本修复，但是由于工业的发展，农田的色彩已经不再像开头那样清爽明亮，为了体现工业的金属感和所带来的烟雾，画面色彩变得浓重，云朵十分厚实、低沉。当展现男主人公制造飞机的场景时，色彩变得明亮，为了表现男主人公心中的梦想和向往，体现了男主人公对梦想执着追求的美好情感。

　　在表现男女主人公之间情窦初开的美好感情这一段画面中，色彩用回了原本的清丽，和之前工业的场景有很大的对比。最后女主人公穿着嫩黄色的裙子、撑着白色的伞逐渐在绿色的草地里渐逝的场景，虽然充满了伤感，却因为明亮的色彩仍给人以慰藉和感动。

　　总体来说，宫崎骏的这部《起风了》蕴含的历史意义和政治色彩尤为浓重，真实地体现了日本"二战"前后的景象，具有写实性，因此整部影片的色彩运用比起之前的奇幻作品有很大的改变，更倾向于成年观众。

（五）速写

1. 速写——慢写（40 分钟）

　　作品分析：该速写较准确地表现了人物和场景的比例关系，对主要人物刻画到位，对道具和次要人物的处理取舍得当。作品用笔轻松、熟练、大胆，空间关系表现到位。

　　作品分析：该作品构图完整,人物的结构、比例准确,主次分明,衣纹疏密有致,线条轻重而富有变化。达到了考试的要求。

2. 速写——速写(多幅,30-50 分钟)

　　作品分析：该作品人物动作鲜明,结构、比例准确,线条长短、轻重、疏密和浓淡讲究。

3. 速写——速写(15 分钟)

作品分析：作品线条简洁,生动地表现出对象瞬间的站立姿态。大胆的用笔准确表现出对象的内在结构。

作品分析：作品动态生动,线条简练而富有变化,结构、比例准确,用笔富有韵律。

　　作品分析：该作品比例准确，线条简练，重点突出，线条富有变化。

4.速写——快写(10分钟)

　　作品分析：该作品用线简练，造型准确，形象生动，空间感强。

作品分析：该作品用线大胆、灵活、形象富有韵律感，结构、比例准确。

作品分析：在短时间内，考生在保证结构、比例准确的前提下，以简练的线条抓住了对象的动态，表现了对象的主要形象特征，达到速写快写的要求。

三、高考文化课分数线参考

中国传媒大学数字媒体艺术专业历年高考分数线

省市	专业方向	2015 文 最高分	2015 文 最低分	2015 理 最高分	2015 理 最低分	2014 文 最高分	2014 文 最低分	2014 理 最高分	2014 理 最低分	2013 文 最高分	2013 文 最低分	2013 理 最高分	2013 理 最低分	2012 文 最高分	2012 文 最低分	2012 理 最高分	2012 理 最低分
北京	数字影视与网络视频制作	634	634	650	592	603	603	653	569	590	590	649	565	548	547	559	525
	网络多媒体设计			626	608	617	612	659	606	597	597	621	573	586	586	588	483
天津	数字影视与网络视频制作			583	583	531	531					585	585			612	612
	网络多媒体设计	557	557	617	611											567	567
河北	数字影视与网络视频制作									577	577	539	539			597	597
	网络多媒体设计	569	569	590	590			597	597							563	563
山西	数字影视与网络视频制作			561	561												
	网络多媒体设计											535	535				
内蒙古	数字影视与网络视频制作											496	488				
	网络多媒体设计							503	503								
上海	数字影视与网络视频制作					473	473										
	网络多媒体设计																
江苏	数字影视与网络视频制作	综合：最高分322/最低分322								综合：最高分303/最低分303				314	314		
	网络多媒体设计	综合：最高分315/最低分315				综合：最高分329/最低分329								315	315	341	341
浙江	数字影视与网络视频制作	607	607	590	576	590	590	612	554	590	590	583	583			562	555
	网络多媒体设计			586	572	594	594					610	610	580	580	555	555
安徽	数字影视与网络视频制作																
	网络多媒体设计					649	599	549	549	524	493						
福建	数字影视与网络视频制作											616	590				
	网络多媒体设计			547	547											610	610
江西	数字影视与网络视频制作			560	560									576	576		
	网络多媒体设计																

（续表）

省市	专业方向	2015 文 最高分	2015 文 最低分	2015 理 最高分	2015 理 最低分	2014 文 最高分	2014 文 最低分	2014 理 最高分	2014 理 最低分	2013 文 最高分	2013 文 最低分	2013 理 最高分	2013 理 最低分	2012 文 最高分	2012 文 最低分	2012 理 最高分	2012 理 最低分
山东	数字影视与网络视频制作	603	603	640	588			622	622	599	588	577	570			600	597
	网络多媒体设计			590	583	603	587	631	631	570	570	560	560				
广东	数字影视与网络视频制作			628	628	599	594	594	573	607	607						
	网络多媒体设计			589	589	609	582							592	592		
广西	数字影视与网络视频制作																
	网络多媒体设计					491	491										
海南	数字影视与网络视频制作	760	760	769	769												
	网络多媒体设计																
黑龙江	数字影视与网络视频制作	543	543	539	509	589	551			518	517	559	559			527	527
	网络多媒体设计	571	543	549	512			537	531	577	577					554	506
辽宁	数字影视与网络视频制作	546	546	542	538	601	601			601	601	552	552			595	557
	网络多媒体设计					613	613					599	599			598	515
吉林	数字影视与网络视频制作							584	584			604	604			541	541
	网络多媒体设计					611	611					575	537				
河南	数字影视与网络视频制作																
	网络多媒体设计																
湖北	数字影视与网络视频制作					539	539	575	546							574	574
	网络多媒体设计	534	534	523	517	576	543	553	553			547	547			592	592
湖南	数字影视与网络视频制作	562	562	568	568	568	568										
	网络多媒体设计															525	525
四川	数字影视与网络视频制作	578	572									579	579			551	524
	网络多媒体设计					594	582										
重庆	数字影视与网络视频制作									566	566						
	网络多媒体设计			602	602												
云南	数字影视与网络视频制作							590	590							597	597
	网络多媒体设计					580	580										

（续表）

省市	专业方向	2015				2014				2013				2012			
		文		理		文		理		文		理		文		理	
		最高分	最低分	最高分	最低分	最高分	最低分	最高分	最低分	最高分	最低分	最高分	最低分	最高分	最低分	最高分	最低分
贵州	数字影视与网络视频制作							542	542								
	网络多媒体设计																
陕西	数字影视与网络视频制作																
	网络多媒体设计															570	570
甘肃	数字影视与网络视频制作																
	网络多媒体设计							577	577								
宁夏	数字影视与网络视频制作																
	网络多媒体设计															463	463
青海	数字影视与网络视频制作											506	506				
	网络多媒体设计																
新疆	数字影视与网络视频制作																
	网络多媒体设计	345	345														

注：2012-2014年，数字影视与网络视频制作方向为数字影视特效方向，网络多媒体设计方向为网络多媒体方向。

北京师范大学数字媒体艺术专业历年综合成绩分数线

年份	2015	2014	2013	2012	2011
分数线	1126.2	1053.8	1078.5	997	1136
注：综合成绩总分1500= 高考文化课总分750+ 专业课总分750					

后 记

　　2013年冬季，我从凤天手里接下这项写作工作，到今天正式成书出版与读者见面，已经快三年的时间了。尽管其间几经挫折，但在袁媛、龚蓓、陈涵卿、李琼等老师的努力下，最终得以面世。其实一开始接手这项工作，我有些顾虑。一是写书这种事情太耗费时间；二是觉得这种和学术无关的写作太小儿科；最重要的是恩师马克宣先生在世时经常教导我"文章千古事"，写书这种事马虎不得。后来，在和出版社编辑的多次沟通中，相互建立了良好的印象；再者，我觉得能帮助怀抱理想的年轻学子少走弯路，顺利进入心仪的院校，是件很有意义的事。

　　写作中，我尽力以一手资料为依据，及时更新题库，让考生能准确把握训练方向。杭州万松岭画室、蒋也、朱科任、杜仲明、洪晓龙、黄思语、叶田媛、董英英等单位和个人也通过各种方式给我的写作提供帮助，在此表示深深的感谢！遗憾的是，由于时间有限，我无法亲自一张张绘制案例中的图片，在这里对那些图片的作者一并表示感谢！

　　本书涉及的图形及画面仅供教学分析、借鉴，其著作权归原作者或相关公司所有。因条件所限，部分图片无法获知出处，未能与作者及相关人员或单位取得联系，敬请谅解，如有异议，请与我接洽，邮箱地址：402423938@QQ.com。

　　最后，祝考生朋友们梦想成真！

图书在版编目（CIP）数据

数字媒体艺术应试技巧 / 赵贵胜 编著 – 上海：上海音乐出版社，
2016.10
艺考强化训练丛书
ISBN 978-7-5523-1104-4

Ⅰ. 数… Ⅱ. 赵… Ⅲ. 数字技术 – 多媒体技术 – 高等学校 – 入学考试 –
自学参考资料 Ⅳ. TP37

中国版本图书馆 CIP 数据核字（2016）第 212417 号

书　　名：数字媒体艺术应试技巧
编　　著：赵贵胜

出 品 人：费维耀
项目负责：龚　蓓
责任编辑：李　琼
音响编辑：李　琼
封面设计：翟晓峰
印务总监：李霄云

出版：上海世纪出版集团　上海市福建中路 193 号　200001
　　　上海音乐出版社　上海市绍兴路 7 号　200020
网址：www.ewen.co
　　　www.smph.cn
发行：上海音乐出版社
印订：上海盛通时代印刷有限公司
开本：787×1092　1/16　印张：7　图、文 112 面
2016 年 10 月第 1 版　2016 年 10 月第 1 次印刷
印数：1 – 3,000 册
ISBN 978-7-5523-1104-4/J · 1007
定价：36.00 元

读者服务热线：(021) 64375066　印装质量热线：(021) 64310542
反盗版热线：(021) 64734302　(021) 64375066-241